BERLIN
Naturlandschaften, Parks und Gärten

BERLIN

Naturlandschaften, Parks und Gärten

Fotos Manfred Hamm
Text Peter Baumann

Nicolaische Verlagsbuchhandlung Berlin

Layout: Dieter Winzens

Umschlagfoto: Musenrondell, Sanssouci

Satz: Nagel Fototype, Berlin
Offsetlithos: O.R.T. Kirchner + Graser GmbH, Berlin
Druck: Passavia GmbH, Passau
Einband: Lüderitz und Bauer GmbH, Berlin
Printed in Germany
ISBN: 3-87584-145-X

Weshalb dieses Buch?

Unsere Einstellung zur Natur ist einem ständigen Wandel unterworfen. Über Jahrtausende haben alle Anstrengungen des Menschen dem Ziel gegolten, die Natur zu bändigen, sie für Siedlungsräume zu erschließen und für Anbaufelder urbar zu machen. In seinen Gärten suchte der Mensch, neben seinem Nutzen ein wenig von dem Frieden zurückzugewinnen, den er mit dem Garten Eden verloren hatte. Heute empfinden viele den Frieden einer vollkommen unterworfenen Natur als Grabesruhe und möchten der ursprünglichen Landschaft letzte Freiräume erhalten, in denen viele Pflanzen und Tiere bewahrt bleiben sollen, die früher allzu erfolgreich bekämpft worden sind. Angesichts des Hinsterbens unserer Wälder kommt der Gesinnungswandel beinahe schon zu spät. Eine Wortschöpfung wie »Entsorgungspark« für die Lagerungsstätten von Atommüll zeigt im übrigen, daß der Zynismus, der schon so lange die Gefährdung unserer Umwelt verharmlost hat, noch immer neue Blüten treibt.

In Berlin ist der Wandel der Naturgesinnung und der gärtnerischen Philosophie in den naturbelassenen Landschaften, Parks und Gärten erlebbar. Zwar sind die letzten Lebensräume, in denen Pflanzen und Tiere sich frei entfalten dürfen, hier oft so klein, daß der Autor, der auszog, einen See zu beschreiben, sich wie vor einem Wassertropfen fühlte. Das Leben darin hat aber immer noch einen Modellcharakter, der auf das Bild der früheren Naturlandschaften schließen läßt. Vielfältig sind die Eindrücke in den Berliner Parks und Gärten. Von der strengen Zucht, in die der Barockgärtner Bäume, Büsche und Blumen nahm, bis zur heutigen Nachschöpfung naturhafter Bilder ist hier der Bogen geschlagen.

Diejenigen seiner Fotos, die Manfred Hamm für dieses Buch ausgewählt hat, sind nicht die Bestandsaufnahme eines Botanikers. Sie sollen vielmehr die Besonderheiten des verbliebenen Naturerbes und der Park- und Gartenschöpfungen von gestern und heute erschließen. Anläßlich der Bundesgartenschau in Berlin möchte unser Buch einen Beitrag zur Aussöhnung des Menschen mit der Natur leisten.

Peter Baumann
Berlin, im Frühjahr 1985

Was die Zeit geschichtet hat

Über die erdgeschichtlichen Ereignisse, die den Naturlandschaften Berlins Gestalt gegeben und der Pflanzen-, Tier- und Menschenwelt den Boden vorbereitet haben. Über die Flora und Fauna, die der Lebensraum an Spree und Havel gewonnen und wieder verloren hat. Über die Menschen, die hier Land nahmen und den Launen der Natur zu entgehen suchten. Über das Wachsen der Siedlungen, die Ausdehnung der Felder, historische Umweltprobleme und die Verstädterung der Natur. Über Naturlandschaften, die unser Erbe sind.

Wildblumenwiese im Botanischen Garten

Ereignisse der Erdgeschichte

Über die Berliner Topographie ist nichts Erhebendes zu berichten. Die Stadt liegt in der Großlandschaft der Norddeutschen Tiefebene. Zur mageren erdgeschichtlichen Erbschaft der letzten Eiszeit vor 15 000 Jahren zählen die Müggelberge mit 115 Metern Höhe im Osten und die bis zu einhundert Meter hohen Havelberge im Westen. Zwei Hochflächen, die Barnim und Teltow heißen, bestimmen im Nordosten sowie im Süden der Stadt den Lauf des allgegenwärtigen Wassers von Osten nach Westen. Sie deuten die Grenzen des Warschau-Berliner Urstromtales an. Die Spree füllt dieses Tal heute ungefähr so aus wie ein Steppenfluß sein sommerliches Trockenbett. Eiszeitliche Relikte sind auch die stillen schwarzen Gewässer der Grunewaldseen und das Fließ, das Hermsdorf und Tegel träge durchzieht.

Die Havel nun, die im Westen der Stadt, in Buchten und Seen ausufernd, in ihrer weiten, sandigen Niederung weniger behelligt dahinzieht als die Spree, läßt uns die ursprüngliche Gestalt der Spree-Flußlandschaft noch ahnen.

Es kommt auf den Standpunkt an. Aber manche Bilder in der 480 Quadratkilometer großen Westhälfte der Millionenstadt wirken auf uns wie grenzenlos. Da fallen aus einem schweren Himmel mit sturmzerfetzten Winterwolken mächtige Krähenvölker in ihre ächzenden Schlafbäume am Havelufer ein. Oder wir blicken über eine freie, durch Licht und Schatten gegliederte Wasserfläche. Eine Landzunge schiebt sich vor und läßt uns nur mehr vermuten, daß das Wasser erst dort endet, wo schwarze Kiefern den Horizont verstellen. Da überläßt man sich gern der Illusion der Freizügigkeit und ist mit den politischen Mißbildungen dieser Stadt zeitweilig versöhnt.

Wir wollen sehen, was wir von der Erdgeschichte geerbt haben! Die erste Eiszeit, die auch das Gebiet in und um Berlin veränderte, begann vor 400 000 Jahren. In Nordeuropa wuchs der Erde in den folgenden 200 000 Jahren ein Eispanzer, der bis hinab zum Elsterfluß reichte. Sein südlicher Rand schob, einem ungeheuren Bulldozer gleich, eine viele Meter hohe Front aus Lehm und Gestein vor sich her. Als der Panzer dann mit zunehmender Erwärmung des Klimas wieder abschmolz, ließ er die neue Terrasse zurück.

Nach einer Warmphase, die nur gute einhunderttausend Jahre dauerte, erfaßte der Eishauch einer neu heraufziehenden Kaltzeit die Fauna und Flora. Während die Stämme von Baumhasel und Walnußbäumen, von Steineichen und Linden im Frost platzten, hatten Birken und Kiefern mit ihren wetterhärteren Rinden zunächst die besseren Chancen und beherrschten das Terrain, bis der Eisschild der Saale-Eiszeit auch sie unter sich begrub. Als diese Eiszeit vorüber war, fand das Leben – wieder auf einer höheren Terrasse – neuen Raum. Und dieses Mal sehen wir nun Säugetiere durch die Wälder im heutigen Stadtgebiet ziehen. Dürre Äste krachen unter den Hufen des schweren Rothirsches. Damwild ist vertreten. An schmaleren Wasserläufen baut der Biber. Hyänen wachen als Gesundheitspolizei. Doch auch diese Welt ist nicht von Dauer.

Erneut schieben sich die Gletscher vor, deren Nährgebiet der skandinavische Eisschild ist. Diesmal bis zur Weichsel. Zu ihrer Vorhut gehören Wolf und Bär, Elch und Höhlenlöwe, aber auch widerstandsfähige Wildpferde und Riesenhirsche sowie der Steppenwisent. Indem die Landschaft nach und nach versteppt, ziehen dann Tiere des Polarkreises und der Tundren ins Gebiet um Berlin ein. Der Eisfuchs, der Vielfraß, das Rentier, der Moschusochse und das Wollhaarige Nashorn können es mit der Kälte zunächst noch aufnehmen. Dann werden auch sie in den freundlicheren Landstreifen verdrängt, der zwischen den nordischen und den Alpengletschern noch übrigbleibt.

Vor 55 000 Jahren hat in unserer Gegend vermutlich auch ein Menschenwesen gelebt, das nach einem Fundort in Süddeutschland Steinheimer genannt wird. Archäologen schließen dies aus dem Fund eines bearbeiteten Laufknochens des Riesenhirsches. Der Steinheimer streift jedenfalls in der Norddeutschen Tiefebene umher, bis seine Welt wieder von den Lehm- und Gesteinsmassen begraben wird, die der durch Niederschläge und steigende Kälte genährte Eisschild vor sich herschiebt. Bis zu 20 Metern dick ist die neue Erdschicht, die am Ende der Weichsel-Vereisung zurückbleibt. Sie bildet ein schwaches Relief, in dem das Wasser seinen Weg sucht und das Warschau-Berliner Urstromtal sich bildet.

Die Vegetation, die dem zurückweichenden Eis nachkriecht, besteht zunächst aus Moosen und Flechten. Die Rentiere weiden den spärlichen Wuchs an den Ufern der Gletscherbäche ab, die auch die Berliner Urlandschaft durchziehen. Mit dem sehr langsamen Temperaturanstieg setzen sich allmählich zwergwüchsige Birken und Polarweiden durch und dann, flächendeckend, die schimmernde Silberwurz. Die Silberwurz füllt nun vor allem die Bäuche der Rentiere, der Moschusochsen, Schneehasen und Lemminge.

Diese Kältesteppe wird im Gebiet der Mark Brandenburg von Kiefern- und Birkenwald bedrängt, als sich eine kurzlebige Erwärmung durchsetzt. Danach zwingt eine Klimaschwankung das Leben für die nächsten 2000 Jahre unter das Diktat eisiger Kälte. Charakterpflanze hier wird erneut die Silberwurz, und Steppenwild zieht abermals in die Mark Brandenburg ein.

Der Mensch, der für diese Zeit durch steinerne Pfeilspitzenfunde im Tegeler Fließ mit Sicherheit für das Berliner Gebiet nachgewiesen wird, erntet allenfalls, was er nicht gesät hat, denn er kennt noch keinen Feldbau. Sein wichtigstes Wild sind die Rentiere, die auf dem Weg nach Norden oder Süden einen nur sieben Meter breiten Wasserlauf durchfurten. Die Furt gehört zu dem schmalen Flußband, das die sonst kilometerbreiten östlichen und westlichen Seenketten verbindet. Wir würden uns die Geschichte schon sehr passend machen, wollten wir die Jäger, die an dieser günstigen Stelle lauern, die ersten Berliner nennen. Sie sind hier nicht seßhaft gewesen, sondern haben mit Schlitten, Lederzelten und Familienbooten aus Rentierhaut die Spuren der Herden gesucht und gefunden.

Im Jahre 1956, als der Bau der Berliner U-Bahn den Hansaplatz erreicht, stoßen Arbeiter in gut sieben Meter Tiefe auf das vollständige Skelett eines Elches. Bald wird durch die Datierung gewiß: Das Tier hat gut 10 000 Jahre an dieser Stelle gelegen. Die Zeitangabe besagt, daß sich mit dem Elch um 8000 vor Christus neue Tier- und Pflanzengesellschaften im Berliner Raum eingerichtet haben; denn wo der Elch auftritt, müssen auch junge Bäume wachsen, deren Triebe er verbeißen kann. »Götterdämmerung« für den »Herrn der Tiere« also, dem die steinzeitlichen Rentierjäger in dunklen Teichen Fleisch und Pfeile geopfert haben sollen? So scheint es jedenfalls; denn mit der neuerlichen Erwärmung in der jüngeren Dyaszeit geht die Rentierjäger-Herrlichkeit zu Ende. Wer sich den veränderten Lebensbedingungen nicht anpassen kann, muß nach Norden ausweichen.

Hierzulande treten Gehölze zu Wäldern zusammen, Moose und Flechten werden verdrängt. Die verbliebenen Rentiere teilen die Weiden mit Wildpferden und Wisenten und schließlich auch mit Tieren, die bis in unsere Zeit überdauert haben: Rothirsch, Reh und Wildschwein. Solches Wild zieht nicht wie das Rentier vor wachsenden Schneefeldern her. Es ist reviertreu. Und wenn der Winter wenig zu beißen bietet, zehrt es vom eigenen Fett.

Der Jäger, der nun – in der Mittelsteinzeit – seine Nurdachhäuser aus Schilf an die sandigen Seeufer setzt, kann das nicht. Er muß Vorräte anlegen. Noch ist er wohl nicht so weit, daß er sich »lebende Konserven« hält, also Rinder und Schweine auf der Waldweide hütet. Er beschleicht die Tiere des Waldes, speert sie, tötet sie mit Pfeil und Bogen oder treibt sie in seine raffiniert ersonnenen, gestaffelten und getarnten Fanggruben, deren Böden von scharfen Spitzen starrten. Vor der Jagd beschwört der Schamane, zu dessen Jagdzauber Schwirrhölzer gehören, die Tiergeister.

Die Erträge von Jagd, Fischzügen und Sammelwirtschaft haben in der Mark Brandenburg kaum ein starkes Bevölkerungswachstum zugelassen. Der Berliner Archäologe Adriaan von Müller nimmt für die Zeit um 5000 vor Christus eher kleine Jagdgemeinschaften, Familiengruppen, an, die weit voneinander entfernt in ihren Hütten gehaust und per Einbaum über die Wasserwege miteinander Verbindung gehalten haben.

Etwa um die zweite Hälfte des 4. Jahrtausends begann man, die ersten Rodungen für Weizen, Gerste und Bohnen in den Wald zu brennen. Ein halbes Jahrhundert lang hatten die Menschen wohl schon halbwilde Schweine und Rinder in die Eichenmischwälder getrieben, wo die Tiere ihre Weide aus Eicheln, Bucheckern, Waldgräsern, Blättern, Trieben und Beeren fanden. Jetzt setzte erstmals ein Prozeß ein, in dem die Menschen hier selbst die Pflanzendecke auf größeren Flächen veränderten: die »Grüne Revolution«. Verglichen mit dem Alten Orient, wo die Menschen schon um das 7. Jahrtausend mit dem Feldbau begonnen hatten, waren die ersten Berliner »Spätzünder«. Dafür besorgten ihre Nachfahren das Ackerbaugeschäft dann um so gründlicher.

Restposten der Eiszeit

Feldbau muß um diese Zeit an Havel und Spree ein besonders mühseliges Geschäft gewesen sein. Da lagen Steine bis zu Findlingsgröße in der Spur, die man in den Boden furchte. Solche Steine, die von den Gletschern aus dem Norden bis hierher geschoben worden sind, erinnern noch heute als Baumaterial der alten Dorfkirchen und Friedhofsmauern in Gatow, Kladow, Tempelhof und anderswo in Berlin an die eiszeitlichen Vorgänge. Sie erinnern als Heldengedenksteine auch daran, wie kurz die Spanne ist, die dem Menschen vergönnt ist, wenn er sein Leben auch noch durch Kriege verkürzt.

Manche Findlingssteine finden wir als Schmuck in öffentlichen Parkanlagen. Einer der größten ist heute ein Denkmal. Er ist 1930 in Britz freigelegt worden und ziert mit den stattlichen Maßen von 2,3 x 1,85 x 6,7 Metern einen kleinen Robinienwald am Rande eines Weges, der der Onkel-Bräsig-Straße benachbart ist. Leute, die es genau wissen wollten, haben festgestellt, daß in diesem Findling aus hellgrauem Alkaligranit Minerale wie Quarz, Alkalifeldspat, Perthit, Mikrolin und andere eingeschlossen sind.

Dem Archäologen von Müller, der mit anderen die Vorgeschichte Berlins ausgräbt, verdanken wir auch die Erklärung dafür, warum in der Mark Brandenburg die Erde später als anderswo unter den Pflug genommen worden ist: »Der Mensch suchte ... zunächst die fruchtbaren Löß- und Schwarzerdeböden auf. Unter Vermeidung der sandigen Flächen stießen die Bandkeramiker von Süden her, der Elbe folgend, über Magdeburg bis zur Ohre vor und weiter östlich entlang der Oder bis zu den schweren Grundmoränenböden der Uckermark und des pommerschen Pyritzer Weizackers... So erklärt es sich, daß der größte Teil der Mark Brandenburg für den Ackerbau zunächst von den wirtschaftlichen Veränderungen des 5. und frühen 4. Jahrtausends nicht erfaßt wurde und in der älteren wildbeuterischen Tradition verharrte.«

Nun müssen wir noch erklären, wer die Bandkeramiker gewesen sind. Die Archäologen nennen diese Leute so nach dem charakteristischen Schmuck ihrer Gefäße aus Keramik, die sie bänderartig verziert haben. Sie hätten diese neolithischen Wanderbauern auch Hausbauer nennen können; denn mindestens ebenso wichtig wie die Entdeckung und Verarbeitung des Tons war die Fähigkeit, erstmals richtige rechteckige Häuser mit Giebeldächern zu bauen, deren bis zu 40 Metern langen Wände aus lehmverschmiertem Rutengeflecht bestanden. Eine ungeheure Sache! Die Grundgestalt dieser Häuser hat sich bis heute kaum verändert. Vor über 5000 Jahren also behaupteten sich die ersten an den Lichtungen der Wälder in der Mark gegen Wind und Wetter. Heute haben wir Mühe, das restliche Grün vor den Hausbauern zu bewahren.

In der Mark Brandenburg sollen die Häuser der Bandkeramiker nur im Nordosten gestanden haben. Die alten Wildbeuter und Sammler im Zentrum der Mark hatten die Bandkeramiker nur wenig beeinflußt. Das änderte sich, als die Trichterbecher-Leute kamen, deren Namen wir wiederum von der für sie typischen Keramik herleiten. Entweder sie selbst als Einwanderer oder die von ihnen beeinflußten Eingeborenen in der Gegend von Berlin griffen in der ersten Hälfte des 3. Jahrtausends vor Christus erstmals nach dem Grün. Das wissen wir, weil uns ein aufmerksamer Bauarbeiter in Britz im Jahre 1955 den frühesten Beleg für Ackerbau und Viehzucht in unserer Gegend sicherte. Als er in einer Baugrube auf Gefäßscherben stieß, alarmierte er die Archäologen, und sie konnten zehn Backteller bergen, mit deren Hilfe die Menschen der Jungsteinzeit Brotfladen aus geschrotetem Korn gebacken hatten.

In der zweiten Hälfte des 3. Jahrtausends gewann man der Natur neue Gaben ab. Die steinerne Sichel, die Spinnwirtel, das tönerne Webstuhlgewicht – dies alles und noch mehr weist auf Nahrung, gewebte Kleidung aus landwirtschaftlichem Ertrag von Korn und Flachs hin. Die Archäologen sehen nun ein größeres Bevölkerungswachstum und begründen es mit dem Wechsel von den engen Dolmengräbern aus Findlingen zu den geräumigen Gan-Gräbern.

Die Bauerngruppen im Berliner Gebiet scheinen aber nicht viel Zeit für eine ruhige, gleichmäßige Entwicklung genossen zu haben. Schon für die zweite Hälfte des 3. Jahrtausends nimmt die Forschung das Eindringen fremder Menschen in die Mark Brandenburg an. Man ist sich nicht einig, ob sie aus dem östlichen Deutschland gekommen sind, wo sich eine Kultur mit charakteristischen Kugelamphoren aus der Trichterbecher-Kultur entwickelt hat, oder ob sie noch weiter im Osten entstanden ist, wo solche Gefäße am mittleren Dnjepr reichlich gefunden worden sind. Jedenfalls haben diese Leute ganz und gar merkwürdige Sitten eingeführt. Sie haben vermutlich ihre Frauen überhaupt nicht bestattet, es sei denn, wenn sie Witwen geworden sind, getötet und dem verstorbenen Mann ins Grab gegeben. In den Gräbern, die reichlich im Flußgebiet von Havel und Spree sowie im Prenzlauer Raum gefunden worden sind, haben erstaunlicherweise auch paarweise kleinwüchsige Rinder gelegen. Zu den rätselhaftesten Funden aber gehören Totenschädel, aus denen steinzeitliche Neurochirurgen säuberlich ein Stück der Decke entfernt haben. So viele davon sind im weiten Gebiet dieser Kultur gefunden worden, daß man weniger an Krankheiten als an rituelle Operationen glauben möchte.

Diese Amphorenschöpfer haben auch bei uns mehr Land unter den Pflug genommen als alle ihre Vorgänger. Das schließt eine Anzahl Wissenschaftler aus den vielen Rinderbestattungen. Das Rind muß den Steinzeit-Bauern so wichtig erschienen sein, daß sie ihm den Aufwand einer Bestattung haben zukommen lassen.

Bronzezeit. Die Siedlungen der Bauern werden dauerhaft, nur die Häuser sind es noch nicht. Nach 30 Jahren fallen die Holzlehmwände in sich zusammen. Neue Pfosten müssen eingetieft, ein Neubau muß am selben Platz errichtet werden. Aufschluß über die Einwohnerzahl in solch einem bronzezeitlichen Dorf gibt uns eine glückliche Grabung in Steglitz. Auf dem Gelände des späteren Klinikums können die Archäologen während einer langen Planungsphase den bronzezeitlichen Weiler ausgraben. Mehr als acht Häuser und mehr als 56 Einwohner hat er nicht beherbergt. Samt seinem Anbaufeld ist er von einem Faschinenzaun eingefriedet gewesen, hat einen Gemeinschaftsbackofen im Zentrum und auch einen Brunnen besessen.

Von einem Brunnenopfer, das die Dorfbewohner während einer Dürre dargebracht haben, wissen wir auch etwas über die »Gewürze«, die in den Bauerngärten von damals angepflanzt worden sind. Die Dürre hatte der Dorfgemeinschaft nämlich ein trauriges Ende bereitet, und während ihres Exodus' opferte sie von den verdorrten Feldern in den Keramikgefäßen, die sie in den Brunnen warfen, auch Liebstöckel und Beifuß. Getreide und Honig gehörten ebenfalls zu den Gaben.

Geplagte Bauern der Eisenzeit

Um 600 vor Christus sahen viele Dörfer schon ganz anders aus. Man nutzte einen natürlichen Hügel, flachte ihn oben ab und schützte die Baufläche mit einer zinnengekrönten Mauer. Am Lebnitzsee bei Potsdam umrundete eine solche Mauer 25 Meter über dem Seespiegel eine Fläche von 125 mal 175 Metern. Eine Doppelwand aus sechs Meter hohen Palisaden, deren Zwischenraum mit Erde aufgefüllt worden war, ergab einen 3,5 Meter dicken Wall. Uns interessiert an dieser Burg, die wohl nicht mehr als 22 Häuser geschützt hat, weniger ihre Form als der Grund für ihre Existenz. Die Zahl der Burgen wuchs nämlich am Ende der Bronzezeit. Waren allein die Überfälle skythischer Reiter, die um 600 vor Christus aus den Tiefen des heutigen Rußland hervorstießen, dafür der Grund? Die Skythen mochten die Menschen dazu veranlaßt haben, in befestigten Siedlungen zusammenzurücken. Doch neigen die Archäologen heute zu der Auffassung, daß nicht Angreifer allein den Ausbau von Burgen zu Zentren der Verwaltung, des geistig-kulturellen Lebens, der Wirtschaft und somit der Macht provoziert haben: »Der Zeitpunkt ihres Entstehens«, meint Adriaan von Müller, »fällt ohnedies zusammen mit den Anfängen der Hallstatt-Kultur im Alpengebiet und den Bereichen nördlich davon, eine Kultur, die manches Gedankengut aus dem Mittelmeer entlehnt, aber auch zu Neuem geformt hat ... Warum sollte sie nicht auch die Vermittlerrolle bei der Einführung von Gedankengut übernommen haben, das mit dem Bau von stadtähnlichen Siedlungen im östlichen Mitteleuropa zur Zentralisierung der Macht geführt hat?«

Sie waren schon geplagte Leute, die Bauern der frühen Eisenzeit. Nicht nur die Skythen oder rivalisierende Mächte bedrängten sie an Havel und Spree. Auch das Wasser kroch in den Niederungen unaufhaltsam in ihre Siedlungs- und Ackergründe. Gespeist wurde die Flut durch andauernde Regenfälle, die sich allmählich zur Katastrophe auswirkten. Als für die Menschen zur Gewißheit wurde, daß die trockenen und warmen Zeiten nicht mehr zurückkehren würden, sahen sie sich gezwungen, höheres Gelände zu erschließen. Ein neues Klima begünstigte auch den Wildwuchs, gegen den man die Felder verteidigen mußte. Die Wälder eroberten neues Terrain, die Flüsse füllten ihre Täler mehr als aus. Freilich waren die Bauern auch besser gewappnet für den Kampf ums Überleben; denn ihre Geräte und Waffen waren aus Eisen.

In Berlin-Neukölln haben Archäologen ein vorgeschichtliches Eisenhüttenwerk ausgegraben, das uns zeigt, in welchem Ausmaß in den Spreewiesen aus dem reichlich vorhandenen Raseneisenstein das Metall herausgeschmolzen wurde. »Dicht gestaffelt«, berichtet Adriaan von Müller, »fanden sich Ausschmelzherde, kleine Brunnen und Kalkbrennöfen ...«

Es klingt, als schreibe Tacitus über »Wilde«

Im 1. Jahrhundert nach Christus sitzen die Semnonen, ein Hauptstamm der Schwaben, in der Mark Brandenburg. Historische Quellen ergänzen für diese Zeit erstmals den archäologischen Befund. Wir verdanken sie dem Römer Tacitus. Im 16. Kapitel seiner »Germania« schildert er uns die Siedlungsweise der Germanen, und es klingt, als berichte ein Entdeckungsreisender des 19. Jahrhunderts über »Wilde«: »Wie zur Genüge bekannt, wohnen die germanischen Völker nicht in Städten; auch von sonstigen geschlossenen Siedlungen wollen sie nichts wissen. Ihre Dörfer legen sie nicht so wie wir an, das heißt als Reihenhäuser, die unmittelbar aneinandergrenzen, sondern sie siedeln weit voneinander entfernt und ohne planvolle Straßenordnung, wie gerade eine Quelle, ein Feld oder ein Weideplatz sie lockt. Jeder läßt rings um sein Haus einen freien Raum, vielleicht als Sicherung gegen Feuersgefahr, vielleicht auch, weil man nicht besser zu bauen versteht. Als Baumaterial verwenden die Germanen nicht Steine oder Ziegel, sondern überall nur rohbehauenes Holz ... Auch pflegen sie Höhlen in die Erde zu graben und häufen eine starke Schicht Dünger darüber; diese Höhlen dienen ihnen als Zufluchtsstätten in der Winterkälte und als Aufbewahrungsort für die Feldfrüchte; denn in solchen Räumen macht sich die Strenge des Frostes minder fühlbar ...«

So recht scheint es den alten Schwaben in der Berliner Gegend und der Mark aber nicht gefallen zu haben. Jedenfalls zogen die ersten schon in der Zeit, über die der Römer berichtet hat, nach Südwesten. Dann, um 350 nach Christus, übten diese Gebiete einen so kräftigen Sog aus, daß der größte Teil der Semnonen aus der Mark auswanderte. Ihnen taten es die Burgunder gleich und zogen in das Rhein-Main-Gebiet. Nur wenige »Hinterwäldler« hielten hier noch die Stellung, und auf sie trafen aus dem Süden – aus dem späteren Böhmen und Mähren – entlang den Wasseradern vordringende Slawen.

Ihr Kontakt mit den Germanen könnte friedlich verlaufen sein. Jedenfalls fanden sich frühslawische Dörfer im 7. Jahrhundert auch im spätgermanischen Siedlungsraum. Länger als 100 Jahre aber scheint das Nebeneinander nicht gedauert zu haben. Die Slawen gaben ihren neuen Siedlungsraum wieder auf. Und wo sie dies nicht taten, bauten sie dann doch im 8. Jahrhundert Befestigungen, die ihnen als Fluchtburgen dienten. Später entwickelten sich diese wohl zu den ersten slawischen Herrenburgen.

Da die Slawen Wassernähe oder – wie im Gebiet von Spandau – Inseln für ihre Burgen bevorzugten, kämpften sie dort nicht nur gegen feindliche Krieger, sondern auch gegen die Flüsse. Die Insellage der Burg von Spandau und anderer Fundplätze legte die Vermutung nahe, die Slawen hätten hauptsächlich von Fischen gelebt, also die Wassernähe gesucht, weil sie ihren Fischgründen besonders nahe sein wollten. Aber weit gefehlt. Heute wissen wir nach sorgfältigen Grabungen, daß sie den Boden mit dem Hakenpflug aufgebrochen und mit der Holzegge geglättet haben. Vielleicht hat es im Interesse einer deutschtümelnden Geschichtsschreibung gelegen, sie den Germanen gegenüber als rückständig zu betrachten. Dabei hätte man schon dem erhaltenen Reisebericht des jüdischen Kaufmannes Ibrahim ibn Jacub, der sich 965 nach Christus in das Havelgebiet wagte, Informationen über die landwirtschaftlichen Fortschritte der Slawen entnehmen können. Er schrieb von Sommer- und Wintergetreide, das die Bauern gepflanzt hätten. Auch vieles, was in späteren Berliner Bauerngärten gedieh, wuchs schon in den Gärten der Slawen: Rüben und Möhren, Erbsen und Bohnen, Zwiebeln und Hanf.

Rehabilitiert hat die Nachkriegsgeneration der Archäologen die Slawen auch als Städtebauer: »Noch vor fünfzig Jahren hat die historische Forschung den Slawen in der Mark Brandenburg städtische Siedlungen nicht zubilligen wollen. Die umfangreichen Ausgrabungen in Brandenburg, Berlin, Spandau und Berlin-Köpenick beweisen jedoch das Gegenteil. Mindestens im frühen 12. Jahrhundert, wahrscheinlich aber schon im 11. und ausgehenden 10. Jahrhundert, wiesen diese Plätze alles auf, was als Kriterium für eine Stadt notwendig ist – ein umfangreiches befestigtes Areal mit ebenfalls befestigter Vorstadt, dem sogenannten Suburbium, Handwerkerviertel und Kaufmannsniederlassung...«, schreibt Adriaan von Müller.

Alle diese Fakten sagen uns schon viel über das Wachsen der Dörfer und die Ausdehnung der Felder im Berliner Gebiet während der slawischen Zeit. Die eigentliche Ausbreitung stadtähnlicher Siedlungen aber beginnt, als die Deutschen nach wechselndem Kriegsglück ihre Herrschaft hier endgültig festigen. Im oberen Havelgebiet tritt der Askanier Albrecht 1157 mit zeitlicher Verzögerung ein Erbe an, das er dem in Brandenburg herrschenden Heveller-Fürsten Pribislaw Heinrich zu danken hat. Für die Verzögerung sorgt der Sprewanen-Fürst Jaxa von Köpenick, der einen Heveller-Aufstand gegen den Deutschen führt, als dieser in Italien mit Reichsangelegenheiten überbeschäftigt ist. Doch er verliert. Sie sind jetzt überhaupt auf der Verliererseite, die slawischen Fürsten.

Für die noch zum Teil menschenleeren Hochflächen des Teltows und des Barnims interessieren sich auch die Markgrafen von Meißen so sehr, daß sie diese besiedeln und natürlich militärisch sichern lassen. Bauern und Soldaten müssen ihre Köpfe für deren Vorherrschaft gegenüber dem Askanier Albrecht am alten Ost-West-Handelsweg hinhalten. Es sind auch slawische Bauern aus dem dichter bewohnten Süden, der Lausitz, mit denen die Meißener im 12. und beginnenden 13. Jahrhundert ihr Siedlungsprogramm durchführen. Im heutigen Zehlendorf haben die Berliner Archäologen den runden Grundriß eines solchen Dorfes ausgegraben. Seine Bewohner haben Viehwirtschaft betrieben.

Auch die weiteren Gründungen von Dörfern und Städten im Berliner Gebiet hatten zunächst den Machtkampf der Askanier mit den Meißenern zur Ursache. Die Wettiner waren nämlich inzwischen im Teltow so erstarkt, daß sie die Handelsverbindung, die von der Elbe und der Saale zur Oder reichte, sperren konnten und in Köpenick gar den alten Ost-West-Handelsweg. Nun waren die Askanier zu energischen Schritten aufgerufen! Man vermutet, daß sie die Ritter des Templerordens ins Land geholt haben, die alsbald auf dem nordöstlichen Teltow Tempelhof, Mariendorf und Marienfelde gründeten. Die Askanier selbst aber schoben schließlich die entscheidenden Figuren im Schach gegen die Meißener ins Spiel. Auf zwei Inseln inmitten der in einem weiten Bogen daherkommenden Spree gründeten sie die Doppelstadt Berlin-Cölln. Sie lag genau auf dem Ost-West-Weg, und sie kontrollierte einen wichtigen Spreeübergang in Nord-Süd-Richtung.

Dieser Schritt bedeutete über kurz oder lang das Aus für Köpenick als Handelsknotenpunkt. Spandau, dessen wichtigste askanische Befestigung der Stadt noch Rang sicherte, verlor erst Ende des 14. Jahrhunderts seine wirtschaftliche Bedeutung. Grabungen haben übrigens erbracht, daß die erste askanische Siedlung vom 10. Jahrhundert an innerhalb des Burgwalls lag und vermutlich 300 bis 400 Einwohner hatte. Nicht lange vor 1200 dann entstand das »neue« Spandau in den Grenzen der heutigen Altstadt.

Palisaden und Blockhäuser auf zwei Inseln

Die Gründungen Berlin und Cölln sollten wir uns nicht allzu großartig vorstellen. Wer seinen »Lederstrumpf« kennt, der kann sich das Bild Berlins im Jahre 1237 vergegenwärtigen, wenn er an ein Pelzhandels-Fort im Indianerland denkt: Wo die Spree ihr schmalstes Tal einnimmt, wenn man vom höherliegenden Teltow zum Barnim hinüber will, dort, auf zwei benachbarten, ungleich großen Inseln, wurde mit der Doppelstadt begonnen. An der Furt auf der größeren Spreeinsel flößte das askanische Fort Respekt ein. Auf der gegenüberliegenden Flanke der Insel umfriedete der Palisadenkreis einen Ring von 20 oder 25 Holzhäusern, die mit ihren Giebelseiten fast alle zu einer spätromanischen Basilika im Zentrum blickten. Die Handelswege – grobe, sandige Pisten, mehr nicht – durchzogen die Insel in Nord-Süd-Richtung. Wachtürme kontrollierten an drei Seiten Ein- und Ausfahrt. Eine Holzbrücke überspannte den Spreearm, der die Inseln trennte. Von den Böcken der darüber rumpelnden Frachtwagen aus konnte man die Last- und Fischerkähne in den von Palisaden bis zur Durchfahrt umschlossenen beiden Häfen dümpeln sehen.

Im winzigen Cölln fuhren die Wagen auf einen Platz, auf dessen Mitte wiederum eine Basilika zu christlichem Handel mahnte. Von den beiden Häuserzeilen aus mit insgesamt zehn oder zwölf Häusern hatte man die Kirche immer im Blickfeld. Über zwei Brücken konnte man seinen Weg in östlicher und südlicher Richtung fortsetzen, was indessen nicht immer ratsam war.

Die Askanier brauchten nicht lange, bis sie schließlich das Gebiet bis zur Oder in ihre Hände bekamen. Die Lausitz dagegen blieb in den Händen der Wettiner.

Wir haben einige Nachrichten über die Bautätigkeit in jenen frühen Tagen. Da dürfen die Spandauer 1232 mit Genehmigung der beiden Askanier Johann I. und Otto III. eine Flutrinne bauen. 1239 wird von den beiden Markgrafen das Benediktinerinnen-Kloster gestiftet, und zwar vor den Toren Spandaus. Dazu gehört ein Hofgut beim Dorfe Lietzow. Später gewinnen die Nonnen durch Stiftungen die dörflichen Siedlungen Gatow, Lietzow, Lankwitz, Lübars, Tegel und Dalldorf hinzu. Die Stadt Cölln erweitert ihren Siedlungsraum im Jahre 1261 bis Treptow, nachdem der Markgraf ihr das Heidegebiet (»Mirica«) übereignet. Die »Köllnische Heide« liegt am Südostrand der Stadt. Die Benediktinerinnen müssen beim Adel besonders beliebt sein; denn im Jahre 1267 schenkt ihnen der Ritter Arnold von Bredow das Dorf Kladow.

Im Jahre 1319 sollen die Spandauer mit dem Bau einer festen Stadtmauer begonnen haben. 1349 wird auch eine weitere »Fluth-Renne« gezogen, die »auf dem Kolke« liegt. Berlin schützt sich übrigens schon im 13. Jahrhundert mit einer Feldsteinmauer.

Berlin-Cölln im Mittelalter: eine Budenstadt

Wir sind nun schon mitten im Mittelalter, und trotz der Unsicherheit auf dem flachen Land und den Heimsuchungen der Pest ist die Stadt ständig gewachsen. Man schätzt die Einwohnerzahl der Doppelstadt auf 8000 bis 8500 Menschen, die Zahl der Häuser auf 1000. Doch darf man getrost annehmen, daß die Mehrzahl dieser Häuser aus Buden besteht, denn nur etwa 160 Familien sind erbeingesessene Bürger mit Privilegien und daraus resultierendem Wohlstand. Eine Skizze der Stadt und der Landschaft versucht der Berliner Stadtarchivar Ernst Fidicin in seiner berühmten »Berlinischen Chronik« zu zeichnen: »In jener Zeit des Krieges und der Fehden glich die Stadt, umgeben von hohen und starken Mauern und von Wällen und Gräben, einer festen Burg. Selbst die Tore ... waren kleine Festungen, mit Türmen versehen ... Außerhalb der Mauern und Gräben gab es noch keine Wohnhäuser. Alles, was die schützenden Mauern nicht fest in sich schlossen, wäre preisgegeben gewesen. Aber Baum-, Kohl- und Hopfengärten, je nach der Beschaffenheit des Bodens, umgürteten die Stadt. Ihnen schlossen sich die Stadtfreiheit oder Hütung und abwechselnd Wiesen und Äcker an. In weiterer Entfernung wurde das Weichbild der Städte von den Heiden derselben abgeschlossen. Berlinischerseits streckte sich die große Stadtheide von der Panke bis zur Jungfernheide, welche letztere damals dem Jungfrauenkloster in Spandau gehörte; und das cöllnische Weichbild war durch die alte Myrica abgeschlossen, welche die cöllnischen Äcker und Wiesen, von Treptow bis zum heutigen Tiergarten, der größtenteils auf Lützower Grund und Boden angelegt wurde, begrenzt...«

Fidicin berichtet, daß es in den Mauern der Stadt recht öde zugegangen sei und die Reichen sich durch Jagd und Vogelfang vergnügt hätten. Doch dazu gehörte schon einiger Mut, denn Berlin-Cölln lag im Mittelpunkt der Auseinandersetzungen zwischen Fürsten, Adligen und Stadtbürgern. Der Adel – allen voran die Familie Quitzow – führte sich als Räuberbande auf, und schon im ersten Jahr des 15. Jahrhunderts wurden in der Doppelstadt »besonders viele Räuber und Missetäter hingerichtet«.

Was das alles mit dem Thema Naturlandschaften zu tun habe? Die Antwort gibt Gustav Albrecht in seiner »Landeskunde der Mark Brandenburg« von 1910: »Das Forttreiben von Vieh, das Verwüsten der Äcker und Obstgärten, die Plünderung von Dörfern und Gehöften ... bildeten die Hauptereignisse der damaligen Kriegsführung, und in kurzer Zeit waren weite Strecken des märkischen Landes in Wüsteneien verwandelt. In jenen Tagen wurde eine Anzahl Dörfer auf dem Barnim und im Teltow derart verheert, daß sie nicht wieder aufgebaut und besiedelt wurden und noch heutzutage als wüste Dorfstellen nur dem Namen nach bekannt sind.«

Am 13. Dezember 1402 berichten die Ratmannen von Berlin-Cölln dem Markgrafen Jobst von 22 Dörfern, die der Graf von Lindow und die Quitzows auf dem Barnim gebrandschatzt hätten. Der Markgraf und seine Statthalter sind unfähig, ihre Untertanen zu schützen. Um 1409 beherrschen die Quitzows das Havelland, Barnim und Teltow. Als der Markgraf zwei Jahre später stirbt, wird die Mark samt ihren Städten dem Sohn Kaiser Karls IV. unterstellt. Und dieser Sigismund, der auch deutscher König ist, sinnt auf Abhilfe, als ihm die zur Huldigung nach Ungarn bestellten Bürgermeister von Berlin-Cölln sowie die Repräsentanten der Landstände die brandenburgi-

Ein Gürtel aus Moorbirken säumt das Teufelsfenn

schen Verhältnisse schildern. Er bestellt den Hohenzollern Friedrich VI., Burggrafen zu Nürnberg, zum »rechten Obristen und gemeinen Verweser der Mark«. Mit der Ernennungsurkunde beginnt nun der lange Weg, den die Mark und Berlin-Cölln mit den Hohenzollern gehen werden. Der Anfang ist beinahe so dramatisch wie 500 Jahre später das Ende.

Den Frieden, den Friedrich der Mark bringen soll, wollen die Städte zunächst wohl nicht so recht annehmen, so daß der Hohenzoller am 4. Juli 1412 mit 600 Reitern vor Berlin aufziehen muß, um seine Aufgabe wahrnehmen zu können. Binnen zweier Jahre hat Friedrich mit seinen fränkischen Rittern nach Siegen über die von den Quitzows aufgewiegelten Pommernherzöge die eigentlichen Friedensbrecher gestellt und ihre Burgen erobert. Am 30. April 1415 ernennt König Sigismund ihn zum Kurfürsten und bestätigt ihn als Markgrafen von Brandenburg.

Über 1000 Häuser und 1000 Familien

Durch eine Urkunde aus dem Jahre 1432, die die Einheit von Berlin-Cölln bestätigt, erfahren wir etwas über den Grundbesitz der Bürger vor den Toren. Danach dürfen alle freien Grundflächen von den Bürgern beider Städte genutzt werden, und jeder hat auch das Recht, Grund auf dem Gebiet beider Städte zu erwerben. Das beschränkt sich keineswegs nur auf den nahen Umkreis. So erwerben die Städte zum Beispiel 1435 die Dörfer Tempelhof, Mariendorf und Marienfelde für »2439 Schock und 40 Groschen böhmischen Geldes« von den Johannitern. Die Städte selbst sind um 1450 noch immer von bescheidener Ausdehnung. Da wird die Fläche Berlins mit umgerechnet etwa 47 Hektar angegeben. Eine Mauer von 1140 mal 510 Metern schützt die Stadt. Cölln gar hat nur 23 Hektar, ist also nicht einmal so groß wie heute der Zoo. Die Stadtmauer umschließt 800 mal 370 Meter. Mehr als 1000 Familien wohnen kaum in den 724 Häusern Berlins und den 312 Häusern Cöllns.

Immer wieder greift die Spree nach den Wiesen im Gebiet des heutigen Tiergartens, die zur Cöllner Feldmark gehören. Diese Gefahr nun zu bannen, baut die Stadt um 1450 einen »Fluth«- oder »Landwehrungsgraben«. Dieser Eingriff zur Bändigung der Spree ist so dauerhaft, daß man noch bis zum Jahre 1873 ein Stück des Entwässerungskanals sehen kann.

In der Regierungszeit Kurfürst Joachims I. wird der »Thiergarten« aktenkundig. Für seinen Sohn nämlich läßt der Kurfürst ein Jagdrevier einzäunen (!), das vor den Toren an der Hundebrücke beginnt und sich im Westen bis zum Dorf Lietzow, im Süden bis an die Dorfränder von Wilmersdorf und Schöneberg ausdehnt, während es im Norden die Spree noch mit einbezieht. Der Kurfürst selbst ist mit der Jagd auf Räuber überbeschäftigt. Um 1500 gelingt ihm der Durchbruch bei der Bekämpfung des Raubrittertums. Vierzig Räuber adliger Herkunft hängen binnen zwei Jahren.

Bis um die Mitte des 16. Jahrhunderts, also während der Regierungszeit Joachims II., ist die Zahl der Häuser in Berlin auf etwa 1800 angewachsen, die Einwohnerzahl auf 12 000 gestiegen. Aber von der noblen Wirkung einer Residenzstadt sieht man wenig: »Vom Tempelhofschen Berge herab beschaut«, schreibt Adolf Streckfuß in seinem Werk »500 Jahre Berliner Geschichte«, »mochten wohl die Schwesterstädte durch die Türme der Kirchen ..., das stattliche Schloß und die hohen und festen Mauern einen recht bedeutsamen Eindruck machen, trat man aber in die noch immer ungepflasterten Straßen, sah man die Misthaufen vor den Türen, so glaubte man gewiß nicht, sich in einer Residenzstadt zu befinden ...

Die Bebauung der Städte beschränkte sich noch immer fast ganz und gar auf den durch die Stadtmauern vorgeschriebenen engen Kreis, nur die Kirche von St. Georg und St. Gertraudt sowie einige wenige in ihrer Nähe gelegene Häuser hatten den Anfang einer Bebauung des äußeren Umkreises der Städte gemacht. Auch der Raum innerhalb der Stadt war noch keineswegs durch Baulichkeiten ausgefüllt. Der jetzige Lustgarten zeigte sich noch immer als ein stehender Sumpf, die Schloßfreiheit war nur ein leerer Raum längs des Mühlengrabens, die Burgstraße war ein schmaler, schmutziger Gang am Wasser, an dem nur einige Gärten und schlecht gebaute Häuser lagen ...

Ebensowenig wie im Innern der Städte waren bedeutende Änderungen in ihrer nächsten Umgebung vorgenommen worden. Noch immer breiteten sich rings umher wilde öde Heiden und Sümpfe aus, zwischen denen sich die Stadtfelder und Wiesen hinzogen, der Anbau dieser Felder aber hatte sich wesentlich verbessert, seit die Bürger nicht mehr zu fürchten hatten, daß ihre Saaten durch die Rosse einer feindlichen Reiterschar verwüstet, ihre Vorwerke durch irgendeinen benachbarten Adligen ausgeraubt werden würden. Besonders war der Weinbau in Aufnahme gekommen. Die Cöllnischen und Berliner Weinberge gaben einen in der Mark weit und breit berühmten Wein, der einen ganz vorzüglichen Geschmack gehabt haben soll.«

Von einem bemerkenswerten Schritt zur geregelten Wasserversorgung ist aus dem Jahre 1572 zu berichten. Da werden Hochbehälter mit Spreewasser beschickt, von denen das Wasser seinen Weg über Holzröhren in die Höfe der Bürger nimmt. Dauer aber ist dieser »Wasserkunst« nicht beschieden. Bald schöpfen die Berlin-Cöllner wieder aus ihren alten Brunnen.

Die Stadt schrumpft, die Landschaft wird zur Öde

Schmutz und Unrat waren der Nährboden für Ratten und Flöhe und damit für die Pest. Im Jahre 1572 grassierte sie in Berlin-Cölln und raffte etwa 4000 Menschen dahin. Ermahnungen zur Sauberkeit aber schienen nichts zu fruchten, der Kurfürst schrieb endlich in einem Erlaß vor, daß die Bürger ihre Höfe sauber halten sollten, aus denen die stinkende Brühe auf die Straßen und in den Fluß kroch. Noch vor Ende des 16. Jahrhunderts starben in Berlin-Cölln abermals etwa 3000 Menschen an der Pest.

Doch schlimmer als alle Heimsuchungen zuvor wirkte sich auf Berlin der 30jährige Krieg aus. Die Armeen, die vom Jahre 1618 an auf den deutschen Landen herumtrampelten und nach Wallensteins Politik verfuhren, nach der der Krieg den Krieg ernähren muß, machten vor der Mark Brandenburg nicht halt. Sie saugten die Städte aus. Bis zum Jahre 1640 schrumpfte die Einwohnerschaft Berlins auf sechs- bis siebentausend Menschen. Erst nach der Jahrhundertmitte, unter der tatkräftigen Herrschaft des Kurfürsten Friedrich Wilhelm, erholte sich die Stadt wieder. Nun kamen auch weitere energische Eingriffe in das natürliche Landschaftsbild. Hatte man bis zum Jahre 1662 die Spree für den Ausbau des Befestigungswerkes weiter in Anspruch genommen, so zog man nun auch Wasser für neue Schiffahrtswege vom Fluß ab. Vom Jahre 1669 an wurde der neue »Friedrich-Wilhelm-Kanal« befahren, der die Oder mit der Spree verband.

Während der ersten Jahrzehnte des 18. Jahrhunderts wurde die Landschaft um Berlin mehr und mehr zur Öde. Das hatte nicht mit Krieg, auch nicht mit dem Klima zu tun, eher schon mit dem geistigen Klima, in dem man, beim König angefangen, gedankenlos die Natur ausbeutete. So kam König Friedrich Wilhelm I. auf die Idee, um die Stadt einen Palisadenring zu errichten, in dem das Holz der Umgebung verbaut wurde. Über die Wirkung dieser Maßnahme schien selbst einer seiner Generäle betroffen gewesen zu sein, zu dessen Handwerk ja gehörte, in Manövern und Kriegen Verwüstungen anzurichten. Seine Notizen stellen den beabsichtigten Nutzen der Palisaden gar in Frage: »Dieses Land umher war völlig einer Wüste gleich. Niemand hatte Lust, der Kosten wegen, es zu bebauen. Nach der Richtung des Windes entstand bald hier, bald da ein Hügel von Flugsand, so daß man zuweilen sogar über die Palisaden in die Stadt hineinreiten konnte.«

Um 1740 umschlossen diese Palisaden nicht nur die Häuser von inzwischen rund 100 000 Einwohnern, sondern auch noch deren Äcker, Wiesen, Weinhügel, Gärten und Stallungen. Manches Kornfeld mochte dabei bis zu 600 Ruten, also über zwei Kilometer, lang sein. Die Stadt aber war ländlich. Noch immer wurde in ihren Grenzen gebuttert, geschoren, geschlachtet, verwurstet, gesät, gemäht, gedroschen und gemahlen.

»Das ist ja eine liederliche Wirtschaft«

Erst Friedrich II., der auch ein großer Gärtner war, sah wirklich den Schaden, den der Raubbau am Walde verursachte. Drei Jahre nach seinem Regierungsantritt im Jahre 1740 verlangte er, daß »alle ledigen Plätze je nach Beschaffenheit des Terrains entweder mit Eichen oder mit Kiefern sorgfältig bepflanzt oder besät werden«. Sicher lagen dem König Bäume weniger der Schönheit als des Nutzens wegen am Herzen. Er verbot sogar die Sitte, Pfingstbäume aufzustellen. Er wurde zum obersten Baumschützer und machte sich Sorgen wegen des übermäßigen Holzverbrauchs: »... ich habe wahrgenommen, daß hier mit Holz sehr übel umgegangen wird. Wenn das noch 4 Jahre hingeht«, warnt er, »ist von allem Holz nichts mehr übrig. Dann wird es denn kommen, daß die Leute im Winter frieren müssen und genöthigt sein werden, den Holzbedarf von weither mit großen Beschwerden und Kosten zu holen ... Das ist ja eine liederliche Wirtschaft. Der Förster, welcher dieses Revier hat, ist ein schlechter Kerl. Wir haben deshalb befohlen, daß die verantwortlichen Förster samt dem Oberforstmeister oder dessen Stellvertreter arrettiert werden sollen, und daß von Berlin Einer von der Kammer und Einer von der Justiz dahin geschickt werden sollen und die schärfste Untersuchung wider sie wegen ihrer liederlichen Wirtschaft eingeleitet wird.«

Friedrich II. bestellte im Laufe seiner Regierungszeit invalide Soldaten zu Förstern und verlangte von ihnen (nach 1763) die Anlage von Schonungen und die Anpflanzung von Fichten und Birken auf den Sandflächen. Er überwachte auch die Fortschritte, indem er von den Förstern Tabellen verlangte und diese bei überraschenden Besuchen mit dem verglich, was er mit eigenen Augen sah. Sein Mißtrauen war immer auf dem Sprung: »Wenn es nur wahr ist und nicht Blendwerk, daß sie 30 Schritte neben dem Weg säen und lassen das Übrige wüste.«

Eine Unrat-Ordnung, die nur das Gröbste verhindert

Umweltprobleme wurden unter den absolutistischen Kurfürsten und Königen im alten Preußen genauso unzulänglich angegangen wie später im modernen Berlin. Vom Großen Kurfürsten ist aus dem Jahre 1680 der drastische Befehl überliefert: »Wer Unrat auf die Straße wirft, dem soll er wieder ins Haus geworfen werden.« Er drohte auch mit Rute und Pranger. Mit mäßigem Erfolg.

Im Berlin Friedrichs II., das im Jahre 1755 auf 125 000 Einwohner angewachsen war, fuhren Gassenkarren, auf die man Kot und Kadaver warf. Vergeblich bekämpfte der König die Schweinemast in den Straßen. Er konnte allenfalls erreichen, daß die Koben nicht vor den Häusern errichtet wurden. So hielt ein Branntweinbrauer der Stadt an die 50 Schweine im Zentrum. Manches unternehmungslustige Schwein mischte sich auch unter die Passanten, und niemand – außer dem suchenden Besitzer – regte sich darüber auf. Der resignierende König beschränkte sich am Ende darauf, das Gröbste zu verhindern. Er verlangte, daß die Schweinemäster »Senckgräben um ihre Höfen und Gerten machen und auch den Mist nur Morgens sehr früh aus ihren Höfen vor die Thore bringen lassen, daß also dergleichen Wagens von Ostern bis Martini höchstens bis 5.00 und 6.00 Uhr und von Martini bis wieder zu Ostern höchstens bis 7.00 Uhr aus den Thoren gefahren sein müssen (Gegeben am 23. Juni 1751).«

Lesenswert ist auch, was in der Gassenordnung vom 3. September 1735 steht: Nach ihr »sollen nun die verantwortlichen ... Herren sowohl noch mehrere Leute dazu annehmen, als auch Karren anschaffen. Sie sollen dafür sorgen, daß nun die Straßen öfter gekehret und nicht allein in den Residentzien, sondern auch in der Friedrichs-Stadt und Dorotheen-Stadt durchgehend reingehalten.« Nach Artikel I soll die Reinigung »täglich in Gang bleiben, und durch das nunmehro zulängliche Gassen-Fahrwerk beständig darin unterhalten werden, da sich auf solche Weise destoweniger an Gassen-Koth sammeln ...«

In Artikel XIII lesen wir: »Damit kein häßlicher Gestank in den Gassen, auf den Märkten und dergleichen Orten durch Ausgießen der Nacht-Stühle und -Töpfe verursacht werden möge, so wird dem Magistrat hierselbst nachdrücklich anbefohlen durch die Diener von Haus zu Haus ansagen zu lassen, dass die Nacht-Stühle zur Nachtzeit, und zwar vom 1. April bis zum 1. September nach 11.00 Uhr, die übrigen Monate aber nach 10.00 Uhr, und nicht eher, aber des Morgens, wann es noch finster ist, weggetragen werden müssen.« Artikel XIV ergänzt das Verfahren: »Zu Ausgießen der Nacht-Stühle aber werden folgende Örter angewiesen: nemlich in Berlin bey dem Bau-Hof vorbei durch den Bogen nach der Spree; In Cölln durch die Fischer-, Paß-, Grün- und Lapp-Straßen, und soll sich niemand unterstehen, dergleichen in die Gegend des Königl. Schlosses, wie auch in den Kanal, der Schleuse oder von den Brücken ins Wasser zu tragen und auszugießen.«

Die Obrigkeit sah Strafen von sechs Groschen bis zu zwei Reichstalern vor, wenn die eine oder andere Vorschrift nicht beachtet wurde. Wem es an Geld mangelte, der mußte mit Pranger oder anderen »Leibesstrafen« rechnen. Umweltschutz im Berlin des 18. Jahrhunderts! Die Großstadt nahm auch die Umgebung stark in Anspruch. Die Dörfer, die heute zur Stadt gehören, mußten den größten Teil des Bedarfs an Getreide, Obst und Gemüse decken.

Initiativen für die Mägen und die Staatskassen

Allmählich setzte sich auf den Feldern auch eine Nahrungspflanze durch, die wir den Anden-Indianern verdanken. Die spanischen Eroberer des Inka-Reiches hatten sie aus Südamerika nach Hause geschickt, und bereits im Jahre 1649 war sie im Lustgarten des Großen Kurfürsten beim Cöllner Schloß heimisch, die Kartoffel! Es dauerte jedoch lange, bis die Frucht unter den Namen Erdapfel, Grundbirne, Erdtüffel oder auch Tartüffel zum »eisernen« Bestand der Felder gehörte. Friedrich II., der die Kartoffel sogar zwangsweise anpflanzen ließ, mußte erst alt werden, ehe die Knolle überall in den Boden und in jeder erdenklichen Form auf die Tische der Preußen kam. Kartoffeln sollten die Mägen der Untertanen von nun an auch in Hungerjahren füllen; denn mit der genügsamen Pflanze ließen sich Ernährungslücken schließen, die immer wieder mit schlechten Getreideernten auftraten.

Nicht die Mägen, sondern die Staatskassen füllen helfen sollte der Maulbeerbaum. Der Baum mit den weißen oder schwarzen Beeren kam mit dem sandigen Boden, den Preußen ihm zu bieten hatte, aus, er brauchte nur Licht, Wärme und Windschutz. Auf der Bundesgartenschau, an der Kirchhofsmauer der Dorfkirche von Zehlendorf und am Charlottenburger Schloß können wir die Bäume betrachten, deren Blätter die Raupen des Seidenspinners ernähren. In Zehlendorf sind drei der als Naturdenkmäler ausgewiesenen Maulbeerbäume sogar über 200 Jahre alt. Der Cocon, in den sich die Raupe des ostasiatischen Schmetterlings Bombyx mori einspinnt, liefert einen brauchbaren Seidenfaden von 500 bis 900 Metern Länge.

Preußen wollte Seide produzieren und bot seinen Untertanen Anreize. Doch unter dem geizigen »Soldatenkönig« lief die Sache lustlos an. Berichtet wird unter anderem von etwa 2000 Maulbeerbäumen, die bis zum Jahre 1732 auf Moabiter Boden durch französische Flüchtlinge aus Orange angepflanzt worden seien. Sporadische Pflanzungen hatte es auch auf den Wällen Berlins, vor dem Spandauer Tor und in den Kirchhöfen gegeben. In Potsdam hatte David Hirsch mit Hilfe des Königs eine bescheidene Seidenmanufaktur eingerichtet. Aber das gesamte Unternehmen kümmerte vor sich hin.

Einer von einer Million Maulbeerbäumen

Für neue Initiativen sorgte dann Friedrich II. mit Privilegien, mit Subventionen, mit Einfuhrverboten für Seide und mit Prämien, die vor allem Pfarrer und Lehrer zur Steigerung ihrer Ernten anreizen sollten. Zum Beispiel erhielt 50 Taler Prämie, wer eine Anpflanzung von 1000 Bäumen nachweisen konnte. Obwohl der Ertrag an Seide in

Berlin und Umgebung stieg, verlor der Seidenbau am Ende die königliche Vorliebe und Unterstützung. Zur Zeit Friedrichs II. wuchsen in ganz Preußen mehr als eine Million Maulbeerbäume. Eine »zweite preußische Seidenbaubewegung« begann 1825. Während dieser neuerlichen Anstrengung entstand um 1840 auf einem Grundstück von 74 Morgen an der heutigen Ecke Grunewald-/Schloßstraße eine Plantage mit 35 000 Bäumen. Nur ein stattlicher Maulbeerbaum am Althoff-Platz in Steglitz erinnert heute als Naturdenkmal noch an die Zeit, da Steglitz das bedeutendste Seidenbauzentrum Deutschlands war.

Wir ahnen schon, daß im Preußen des 18. und 19. Jahrhunderts Natur vornehmlich nach dem Nutzen-Schaden-Prinzip betrachtet worden ist. Pflege beschränkte sich auf die Forsten, auf die Nutzpflanzen und auf die getrimmten Gärten bei den Schlössern. Und wie stand es um die Naturkenntnis?

Auf den Spuren Humboldts

Zu Friedrichs Zeit wirkte in Preußen ein hervorragender Botaniker namens Johann Gottlieb Gleditsch. Er war ab 1744 Oberaufseher am Botanischen Garten in Schöneberg, machte aber dort weniger große Fortschritte als auf wissenschaftlichem Gebiet, wo ihm mit seinem »Experimentum Berolinense« erstmals der Beweis für die Sexualität der Pflanzen gelang. Gleditsch hat auch der Landespflege und der Landeskultur Impulse gegeben. Doch blieb solches Wissen auf die Fachleute beschränkt.

Wenn wir heute Schloß Tegel »bei Berlin« besuchen, werden wir an einen Mann erinnert, der das Naturwissen vertieft und verbreitet hat wie kein zweiter vor ihm. Der Mann hieß Alexander von Humboldt. Als er zusammen mit seinem Bruder Wilhelm in »Schloß Langeweil« aufwuchs, stand man in Preußen der Naturforschung nicht so aufgeschlossen gegenüber wie in anderen Ländern. Auch an den Universitäten der meisten deutschen Staaten hatten Juristerei, Verwaltungswissenschaften, Sprachen oder Theologie den Vorrang. Biologie studierte man allemal intensiver in Paris oder Stockholm. Berlin war schon gar kein Platz dafür. Hier, so klagte Humboldt einmal, schliefen die Kranken besser als die Gesunden. Humboldts Genie setzte sich erst auf Umwegen durch, und ihm verdankt die Menschheit mit, daß sie aufgeklärter ins 20. Jahrhundert gegangen ist.

Für Jahre sah es überhaupt nicht so aus, als könnte Humboldt je ein größeres Forschungsabenteuer verwirklichen. Nach der Zeit umfangreicher Studien wurde seine Welt erst einmal die Welt untertage. Doch selbst in der Tiefe eines Bergbaustollens experimentierte er nebenbei. Er düngte zum Beispiel Jungpflanzen mit Asche und wies nach, daß man das Wachstum der Pflanzen mit bestimmten Nährstoffen anregen konnte, auch wenn man ihnen das Licht entzogen hatte. Das Ergebnis bestätigte die noch junge Entdeckung des Stoffwechsels durch den Engländer Priestley und andere. Experimente solcher Art gehörten zu Humboldts »Fingerübungen« für spätere Forschungen. Humboldt war auch einer der ersten, der die Natur zum Thema von Erlebnis und Forschung zugleich erhob. In seinen Betrachtungen bewies er einen Blick für Zusammenhänge, die später das besondere Anliegen der ökologischen Wissenschaft sein sollten. Humboldt betrachtete nicht nur, er stellte auch Fragen. Mit seinem Studienfreund, dem Geologen Leopold von Buch, verbrachte er zum Beispiel ein gutes halbes Jahr in den österreichischen Alpen mit Beobachtungen und Messungen. Beide fragten: Wie ist unser Lebensraum entstanden? Welche Kräfte haben ihn gebaut? Beide vertraten auch ihre gelinden Zweifel an der herrschenden Lehre, nach der das Wasser die Gestalt der Erdoberfläche bestimmt hat. Jahre später notierte Humboldt dazu: »Der Regentropfen durchbohrt wohl durch langes Fallen einen Stein, er gibt aber doch der Rinde unseres Planeten nicht ihre jetzige Erscheinung.« Buch und Humboldt wurden im 19. Jahrhundert Verfechter einer Theorie, die den Gewalten des Erdinneren den entscheidenden Anteil an der Ausformung der Erdoberfläche zuwies. In diesem Punkt legte sich Humboldt selbst mit Goethe an, der auch ein großer Naturforscher war.

Humboldt geht vom Element aus

Goethe hielt dem Wasser die Treue und ließ sogar den Dr. Faust gegen »die vermaledeite Polterkammer der neuen Weltschöpfung« wettern. So böse das klingen mag, der Dichter Goethe schätzte Humboldt sehr. Er diktierte seinem Schreiber einmal treffend den Gegensatz zwischen seiner und Humboldts Arbeitsweise: »Humboldts Beobachtungen gehen vom Element aus, meine eigenen von der Gestalt.«

Humboldt machte sich Meßinstrumente nutzbar. Zu seiner Ausrüstung gehörten Sextant, künstlicher Horizont, Kompaß und Reisemikroskop. Er wollte den Naturgesetzen auf den Grund kommen. So suchte er auch Antwort auf die Frage: »Ist die Lebenskraft eine Tätigkeit, die mit dem Entstehen des organischen Körpers beginnt und mit seinem Erlöschen endet, oder eine Elektrizität, in der sich die Wechselwirkung materieller Kräfte offenbart?« Humboldt hoffte, wie er zuversichtlich schrieb, »bald den gordischen Knoten des Lebensprozesses zu lösen«. Das gelang ihm nicht. Kein Forscher hat den Knoten bisher gelöst. Aber Humboldts Versuche führten mit zur Entdeckung chemisch bedingter Vorgänge in jedem Organismus. Der Chemiker Justus von Liebig arbeitete später in dieser Spur und wurde von

Zur Baumsammlung auf Reiherwerder gehört diese prachtvolle Buche

Humboldt besonders gefördert. Liebigs Forschungen über den Stoffwechsel der Pflanzen hatten schließlich auch das erste künstliche Düngemittel zum Ergebnis. Sollten wir das beklagen? Wohl kaum. Denn nicht die Erfindung ist zu beklagen, sondern ihr unmäßiger Gebrauch.

Bis zu seinem Tode im Jahre 1859 hatte Alexander von Humboldt wie kaum ein Zeitgenosse sonst Naturwissen und Naturliebe durch volkstümliche Vorträge und Veröffentlichungen verbreitet. Schon 1808 brachte er bei Cotta seine »Ansichten der Natur« heraus. Die Art und Weise, wie er dieses und andere Werke verfaßte, macht ihn als Vermittler den meisten Wissenschaftlern seiner Zeit überlegen.

Einer meiner Freunde, der ehemalige Direktor des Max-Planck-Institutes für Tropenökologie in Plön, beklagte in einem Gespräch mit mir, daß das Prinzip der Zusammenschau, Humboldts großer Ansatz, nach ihm verlorengegangen sei: »Seit Humboldt hat sich der Fortschritt der Wissenschaften so beschleunigt, daß man nicht einmal mehr alle Entwicklungen auf dem eigenen Spezialgebiet verfolgen kann. Wissenschaft aber wird absurd, wenn sie immer rascher Ergebnisse produziert, die ein Eigenleben führen. Unsere Zivilisation hat die Qualität der Forschung, die wir bei Humboldt finden, aus den Augen verloren. Sie denkt nur noch an die materiellen Erfordernisse. Bei Alexander von Humboldt war der Mensch in das Gesamtbild der Natur einbezogen.«

Einer der Väter der Ökologie

Der Mann, der in Tegel aufwuchs und nach seinen amerikanischen Reisejahren zwischen Paris und Berlin »pendelte«, hat die Welt in seinem Jahrhundert um Forschungsergebnisse in einem Dutzend wissenschaftlicher Disziplinen bereichert. Etwa 900 Pflanzen, Tiere, Berge, Flüsse und Erzeugnisse tragen seinen Namen. Humboldt hat die Biochemie, die moderne Landeskunde, die Meteorologie, die Pflanzengeographie sowie die Meereskunde begründet. Und er hat schon erfolgreich auf einem Wissenschaftszweig gearbeitet, für den dann Haeckel den Begriff geprägt hat – Ökologie: »Mein eigentlicher, einziger Zweck ist, das Zusammen- und Ineinanderwirken aller Naturkräfte zu untersuchen, den Einfluß der toten Natur auf die belebte Tier- und Pflanzenschöpfung.« Der Botanische Garten verdankt ihm umfangreiche Beiträge für sein Herbarium.

Letzter Blick aufs ländliche Berlin

Und wie hat sich das Berlin des 19. Jahrhunderts, das Berlin Humboldts, dem Auge des Betrachters dargeboten? Ein Besucher schwärmt: »Obgleich der Boden größtentheils aus dürrem, mit wenigem Lehm vermischtem Sande besteht, so hat Fleiß und Betriebsamkeit demselben doch ein freundliches Lächeln abgewonnen. Saatfelder, Wiesen, Gärten und der wunderschöne Park auf der Westseite wechseln in ihren Umgebungen. Selbst in ihren Ringmauern sind große Auen, unzählige zum Theil große und paradiesisch schöne Gärten, wodurch nicht allein das Auge erfreut, sondern auch zur Unter haltung der Reinigkeit des Luftkreises beigetragen wird. Der fleißig bearbeitete Boden bringt das trefflichste Obst, die besten Küchengewächse und die schönsten Blumen von aller Art hervor.«

Ländliches Berlin! 1865 hatte die Stadt schon über 350 000 Einwohner. Doch die explosive Entwicklung zur Millionenstadt des beginnenden Industriezeitalters stand der Metropole noch bevor. Die industrielle Entwicklung mit all ihren Folgen ließ Berlin schneller wachsen als alle übrigen Großstädte Europas. In den 70 folgenden Jahren wurde aus dem »ländlichen« Berlin eine Millionenstadt mit vier Millionen Einwohnern. Daß es überhaupt eine »grüne« Stadt geblieben ist, verdankt es einem Kräftespiel, in dem ein paar Einsichtige wenigstens lindernd gegenüber den Prinzipienreitern des wirtschaftlichen und technischen Fortschritts, den Technikern, Bauplanern und Profiteuren gewirkt haben.

Noch ehe die ersten Wälder aus Fabrikschloten gen Himmel wuchsen, erkannte Peter Joseph Lenné den Erholungswert angelegter oder von wirtschaftlicher Nutzung ausgenommener Naturräume für den Bürger, und er meinte die Erholung der Seele und des Körpers, als er den Mangel an Grünflächen beklagte, und zwar im »ganzen nördlichen und südlichen Teil der Stadt, welcher Hauptsitz der gewerbetreibenden Klassen ist, die weder Zeit haben, noch aufgelegt sein mögen, den Spaziergang nach dem fernliegenden Tiergarten einzuschlagen.«

Lenné, der große Landschaftsgärtner

Lenné begegnen wir heute noch überall in Berlin, weil er hier Jahrzehnte prägend gewirkt hat. Die Garten-Kunstgeschichte feiert ihn als einen der großen Landschaftsgärtner des 19. Jahrhunderts. Als er im Jahre 1816 an den Hof nach Potsdam kam, hatte der erst 27 Jahre alte Sohn eines Hofgärtners in Bonn bereits einen Ruf gewonnen: Er hatte bei seinem Onkel Joseph Clemens Weyhe in Brühl die Gärtnerei im Stile der Zeit erlernt, war in Lehr- und Wanderjahren in München und Aschaffenburg mit dem gärtnerischen Werk Friedrich Ludwig von Sckels vertraut geworden, hatte dann drei Jahre in Wien gearbeitet und schließlich mit Plänen für die Stadt Koblenz die Aufmerksamkeit des preußischen Hofes auf sich gelenkt. Die Parks und Gärten, die er für die Hohenzollern als »Auftragsproduktionen« angelegt hat, werden wir noch kennenlernen. Hier wollen wir Lenné als vorausschauenden Planer entdecken, der nicht nur für Fürsten arbeitete, sondern auch für das Volk.

Der Tiergarten in Form eines Landschaftsparks ist sein Kind. Von 1833 bis 1840 hat Lenné an der Umgestaltung des Tiergartens gewirkt. Unter seiner Regie enstanden weite Wiesen und Baumgruppen, schwingende Wege und Wasserläufe. Zwar hat der Park bis zum heutigen Tag manche Veränderung erfahren und viele Belastungen ertragen, doch einladend ist er mehr denn je mit dem Englischen Garten, den Stauden- und Gehölzgruppen, dem Rhododendron-Paradies, der Rousseau-Insel, dem Rosengarten, den Kanälen und Teichen, dem Neuen See, den Lehr- und Trimmpfaden, Liegewiesen und neuen Langgraswiesen.

Von den weiter reichenden Plänen des genialen Landschaftsgärtners Lenné für das »öffentliche« Grün wurden leider nur einige Wirklichkeit. Daß die Parks und Gärten, in denen er für die Hohenzollern wirkte, eines Tages »Volksparks« oder gar volkseigen sein würden, konnte er nicht ahnen. Lenné setzte sich über seine unmittelbaren Aufgaben hinaus gegen die Bürokratie für die Aussparung von Grünflächen ein. In seinem »Projekt der Schmuck- und Grünzüge von Berlin mit nächster Umgebung« war schon von einem Promenadenring die Rede, der die Neubau-Viertel miteinander verbinden sollte. So modern waren seine Gedanken, daß einige davon noch in unseren Tagen aufgenommen wurden – zum Beispiel die Begrünung der Ufer an den innerstädtischen Kanälen und Flußläufen.

»Die größte Mietskasernenstadt der Welt«

Mitte der siebziger Jahre ist die neue Reichshauptstadt »die größte Mietskasernenstadt der Welt« (Werner Hegemann). Nicht mitgewachsen ist die Einsicht, daß der Mensch zu seiner Erholung grüner Freiräume bedürfe. Nur wenige Parks werden bis zu den achtziger Jahren verwirklicht: der Friedrichshain, der Treptower Park, der Humboldthain und der Viktoriapark. Gegen Pläne einer Freiflächen-Vorsorge steht die hemmungslose Profitgier der Spekulanten. Sie läßt in der Innenstadt Mietskasernen mit bis zu sechs Hinterhäusern emporwachsen, in deren schachtartige Höfe nie ein Sonnenstrahl dringt. In solche Wohnverhältnisse blickt Heinrich Zille gründlicher als die meisten. Ihm wird der Satz zugeschrieben: »Man kann einen Menschen mit einer Wohnung genauso erschlagen wie mit einer Axt.«

Ein wenig Entlastung bringt die S-Bahn. 1882 wird sie in Betrieb genommen, befördert die Massen nun an Sonntagen auch an die Peripherie.

Wo der große und der kleine Mann Luft holen

An den grünen Rand der Stadt drängen auch die Begüterten. Zwar suchen die Vorortgründer Quistorp und Carstenn mit ihren Reformideen einen Ausweg aus der katastrophalen Wohnungsnot der armen Schichten, am Ende siedeln dann aber doch die wohlhabenden Bürger in der neuen, gesunden »Gegenstadt«. Im Jahre 1866 wird mit der Realisierung der Villenkolonie Westend begonnen. Alle anderen Gründungen von Villenvororten fallen ins letzte Drittel des 19. Jahrhunderts: In Lichterfelde, Friedenau, Halensee, Wilmersdorf, dann in Grunewald und schließlich in Dahlem entstehen sie.

Der kleine Mann muß anderswo Luft holen. Jetzt wird es Zeit, sich an den sächsischen Arzt zu erinnern, der den Kleingarten »erfunden« hat, an Dr. Daniel Gottlieb Moritz Schreber. Während seines Wirkens als Arzt in den schrecklichen licht- und luftlosen Armenvierteln von Leipzig reift in ihm der Gedanke der »Familiengärten«, die den ärmeren Bürgern am Stadtrand zu frischer Luft, frischem Gemüse und Bewegung im Grünen verhelfen sollen. Er stirbt 1861, ehe er noch die in seinen Aufsätzen niedergelegten Ideen aufgegriffen sieht. Aber sie werden fruchtbar. Zuerst wagt ein Leipziger Schuldirektor mit Namen Dr. Hauschild ein paar Gärten nach Schrebers Anregungen. Sein Beispiel macht Schule. In Leipzig und bald in anderen Städten. Um die Jahrhundertwende werden allein in Berlin 40 000 Schrebergärten gezählt.

Im Geist der Reform-Philosophie

Um die Jahrhundertwende gerät auch eine neue Generation in reformerische Aufbruchstimmung, deren Ziel die Veränderung der Gesellschaft über die Gestaltung der Umwelt ist. Das klingt, obwohl es 80 und mehr Jahre zurückliegt, bekannt in unseren Ohren. Immerhin sehen auch die Reformer von 1900 schon die Natur auf dem Rückzug, die natürlichen Quellen versiegen. Zu den konstruktiven Arbeiten gehören damals die des Stadtbauers Camillo Sitte über »Großstadtgrün« und die Dokumentation August Hoffmanns über die »Hygiene und soziale Betätigung deutscher Städte auf den Gebieten des Gartenbaus«. Den meisten Reformern gemeinsam ist wohl die Erkenntnis, daß der Grund und Boden nicht beliebig produzierbare Handelsware sei und insbesonders in den Städten nicht Spekulationsobjekt sein dürfe.

In den Verwaltungen freilich ist man sich der Tatsache bewußt, daß man auf ein Wohlverhalten der Marktkräfte kaum zählen darf. Von solchem Realismus zeugen einige Entscheidungen. Berlin erwirbt Waldgebiete, legt neue Grünflächen an und fördert die privaten Gärten. Ein Teil dieser Taten ist Albert Brodersen anzurechnen, der 1910 Gartendirektor wird. Schon vor seiner Amtszeit setzt ein allmählicher Gesinnungswandel ein, der unter dem Eindruck der Bedürfnisse des Großstädters Natur nicht mehr nur als unantastbaren Augenschmaus sieht, sondern als belastbare Grünfläche für Sport und Spiel. In den Parks werden Wiesen »zum Spielen und Lagern für die Bürgerschaft« freigegeben, der neu entstehende Schillerpark hat belastbare Rasenflächen. Der Viktoriapark in Kreuzberg erhält zwei Sportplätze. Die Stadt Charlottenburg baut die ersten kommunalen Sportplätze. In den verschiedenen Vororten, in Tempelhof, Steglitz, Lankwitz, Rixdorf und Schöneberg, veranstaltet man Ideenwettbewerbe, die der Gestaltung origineller Stadtgärten dienen sollen.

Im Geist der Reform-Philosophie ist auch der Grünflächenplan entwickelt worden, den Hermann Jansen 1910 im Rahmen des Wettbewerbs Großberlin vorlegt, gewinnt zwischen 1914 und 1917 auch die Gartenstadt Staaken nach englischem Vorbild Gestalt und die Idee des Naturschutzes endlich Gesetzeskraft. Es ist aber auch die Zeit neuer großer Eingriffe in die Landschaft.

Blenden wir zurück. 1871. Der König von Preußen wird Deutscher Kaiser, die neue Reichshauptstadt ist auf 826 000 Einwohner angewachsen. In wenigen Jahren steigt der Güterverkehr um das Dreifache. Größte Bedeutung haben nun die Wasserwege. Schon im Jahre 1869 ist eine neue Wasserstraße vollendet, die den Humboldthafen in Berlin-Mitte mit dem Tegeler See verbindet: der Berlin-Spandauer-Schiffahrtskanal. 1872 folgt der Charlottenburger Verbindungskanal. Die Mehrzahl der Kanäle aber entsteht nach 1900: Zuerst, im Jahre 1901, werden Teltow-, Britzer Zweig- und Prinz-Friedrich-Leopold-Kanal für die Schiffahrt freigegeben, 1902 wird der Neuköllner Schiffahrtskanal eröffnet. Der 1914 schon wieder veraltete Berlin-Spandauer-Schiffahrtskanal wird ausgebaut und heißt von nun an Hohenzollernkanal. Mit seinen Häfen und Umschlagplätzen, mit Kais, Kränen, Bunkern, Lager- und Kühlhäusern, mit Verladerampen und Gleisanlagen wird die Stadt zum zweitgrößten Binnenhafen Deutschlands nach Duisburg-Ruhrort.

Und die Spree muß all die schiffbaren Kanäle mit Wasser versorgen. Allein der Teltowkanal läuft 37 Kilometer durch das Stadtgebiet. Der Landwehrkanal ist 10,6, der Hohenzollernkanal 12 Kilometer lang. Alle schiffbaren Strecken zusammen machen bald 182 Kilometer aus – die Flüsse mitgerechnet.

Die Ausdehnung der Grünflächen

Wir haben in der jüngeren Vergangenheit oft erleben müssen, wie wenig die Einsicht der Politiker mit dem wachsenden Bedürfnis nach gesunder Umwelt mitwuchs, und wie dieselben Leute dann sehr plötzlich auf den schon abgefahrenen Zug in Scharen aufsprangen. Im Berlin der Zwanziger Jahre ist es umgekehrt. Da ist mit Martin Wagner ein Mann Stadtbaurat, der »die Bedeutung des sanitären Grüns« rechtzeitig erkennt. Er hat in Roman Heiligenthal einen gleichwertigen Mitarbeiter. Im Jahre 1920, als das »Gesetz über die Bildung einer neuen Stadtgemeinde Berlin« in Kraft tritt und Berlin mit Charlottenburg, Wilmersdorf, Schöneberg, Neukölln, Lichtenberg, Köpenick und Spandau, dazu mit 59 Landgemeinden und 27 Gutsbezirken zum kommunalen Verbund Groß-Berlin verschmilzt, fallen der Stadt auch Wälder, Gewässer und Dorfauen zu, die man von spekulativem Nutzen freihalten kann. Den Bewohnern der Innenstadt nützen sie freilich nur bei ihren sonntäglichen Ausflügen. Für sie suchen Wagner und seine Mitstreiter, Besiedlungsdichte und Freiflächen in ein von Grund auf günstigeres Verhältnis zu bringen. Die innerstädtischen Grünflächen gewinnen an Raum: rund 2250 Hektar bis 1931 (1914 erfaßt die Statistik nur klägliche 250 Hektar). Zu den neuen Errungenschaften gehören: der Volkspark Jungfernheide in Charlottenburg (um 1920), der Volkspark Rehberge im Wedding (1926 bis 1929) und Wuhlheide in Treptow.

Für die Randgebiete Berlins legt Roman Heiligenthal 1925 einen »Freiflächenplan« vor, nach dem »radiale Grünzüge« bis an die Bahnhöfe des Stadtbahnringes heranzuführen sind, von wo sie der Bürger leicht erreichen kann. Martin Wagner und Walter Koeppen gehen in einer 1929 erscheinenden Denkschrift, betitelt »Die Freiflächen von Berlin«, noch weiter. Darin wird dem radialen Grün in den Außenbezirken ein grüner Ring vorgezogen, in dem Wiesen und Felder, Rieselfelder und Heidegebiete landschaftliche Abwechslung schaffen. Die schon vorhandenen Parkanlagen, Gewässer, Schrebergarten-Kolonien, aber auch Friedhöfe, sollen in neue Grünzüge einbezogen werden. Schließlich sollen »Dauerwälder« den Bürger zum Wandern einladen.

Ehe es zu solch einer systematischen Durchmischung der noch immer allzu steinernen Stadt mit Grünflächen kommen kann, erobert der Nationalsozialismus die Rathäuser. Wagner emigriert 1933. Vor Hitler werden bald Speers gigantomanische Pläne für die Reichshauptstadt der Zukunft entrollt. Doch die Architekten von Groß-Germanien hinterlassen nach den zwölf Jahren ihrer Herrschaft nur Berge von Trümmern.

Der Gestaltungswille regt sich neu

Von den Parkbäumen, die den Spaziergänger beschatten sollten, werden viele, die der Krieg nicht zerfetzt und verbrannt hat, zu Opfern der Kanonenöfen. Im Botanischen Garten, im Tiergarten und anderswo bereitet man den Boden für Gemüse und Kartoffeln, die man nun noch nötiger braucht als den Anblick von Rasen und Rosen.

Doch schon regt sich der Gestaltungswille neu. Da ist schon 1945 Max Tauts Entwurf für ein »durchgrüntes Berlin«. Da ist der große Wurf einer »Stadtlandschaft« im Wortsinn, wie sie das Kollektiv Scharoun 1946 vorlegt, mit dem es wieder möglich sein soll, »Unüberschaubares, Maßstabloses in übersehbare und maßvolle Teile aufzugliedern und diese Teile zueinander zu ordnen wie Wald, Wiese, Berg und See in einer schönen Landschaft zusammenwirken«.

Aus dieser Stadtlandschaft mit »Kulturland, Wirtschafts- und Verwaltungsland«, mit »Grundeinheiten«, »Mittel- oder Großzellen« wird leider nichts. Das nämliche Schicksal teilt der bescheidenere Entwurf von Karl Bonatz, der vorhandene Grünflächen erhalten, die Schrebergärten- und Waldgebiete erweitern und die Fluß- und Kanalufer neu begrünen will: Im Jahre 1949 muß das »Gesetz über städtebauliche Planung im Land Berlin« erst einmal die Konsequenz aus der politischen Teilung der Stadt ziehen.

Was nun noch von den Plänen für das ganze Berlin realisierbar erscheint, findet sich zum Teil in dem neuen Gesetz wieder, für dessen Durchführung Bausenator Rolf Schwedler und dessen Abteilungsleiter für Grünflächen- und Gartenbau, Fritz Witte, verantwortlich sind.

Das »Grüne Notstandsprogramm« versetzt Trümmerberge

Viele Tausend arbeitslose Menschen werden in Lohn und Brot gebracht, indem sie Trümmerschutt von Straßen und Plätzen zu Bergen auffahren und notdürftig Schäden in den Grünanlagen beseitigen. Ernst Reuter pflanzt die erste Linde im heruntergekommenen Tiergarten...

Das »Grüne Notstandsprogramm« versetzt im Laufe der nächsten zwölf Jahre buchstäblich Berge: Bis zum Jahre 1962 sind nicht nur 2200 Hektar vorhandener Anlagen wieder ansehnlich geworden, die Stadt hat auch 1000 Hektar an neuen Grünflächen hinzugewonnen. Augenfällige Trümmerberge sind der Insulaner, der Teufelsberg und die Humboldthöhe. Baumgruppen, Buschwerk, Blumenfelder, Rodelbahnen und Liegewiesen haben dort den Schutt einer unseligen Zeit bedeckt. An neuen »Berliner« Pflanzen sind Steppengras aus den Ebenen Rußlands und Präriegras aus den Vereinigten Staaten ungewollt hinzugekommen, deren Samen in den Ketten der Panzer oder auf anderen Wegen in die Berliner Landschaft gelangt sind. Insgesamt 19 000 Menschen hat das »Grüne Notstandsprogramm« beschäftigt. 8,4 Millionen Tagewerke nennt die Statistik und Kosten in Höhe von 117 Millionen Mark. Nun verlangsamt sich der Schwung.

Welchem Konzept ist die Verwaltung in den ersten zwei Jahrzehnten nach dem Kriege gefolgt? Bis Ende der fünfziger Jahre hat sie die vorhandenen Anlagen wieder nutzbar gemacht, einige erweitert, Erholungslandschaften über Trümmerschutt geschaffen und für begrünte Wege gesorgt, die möglichst viele öffentliche und private Anlagen miteinander verbinden. Danach ist der »Hauptflächengrünplan« geschaffen worden, der den Waldbestand unter Schutz genommen und das »grüne Netz« so eng geknüpft hat, daß seine Maschen auch die arg zugebauten Stadtgebiete überzogen haben. Eingeschlossen in den Netzplan sind die Ufer der Wasserstraßen.

Der Flächennutzungsplan, der dann 1965 verabschiedet wird, gesteht schließlich ein, daß das »grüne Netz« so engmaschig doch nicht zu knüpfen ist. Dafür strebt er die stärkere Zusammenfassung des Vorhandenen an und bietet die großen Parkanlagen in erweiterter Funktion an: belastbarer vor allem. Begleitet wird dieser Plan von einem Senatserlaß, der 1966 die fünf Jahre alte Verordnung zum Schutz des Baumbestandes mit genauen Bestimmungen ausstattet. Auch der Privatmann ist ihm unterworfen. Der Erlaß stellt auch die über 200 000 Straßenbäume Berlins unter Schutz, kann freilich viele weder vor Erdarbeiten noch vor der Bodenversalzung retten.

Vom öffentlich geförderten Wohnungsbau verlangt der Senat, daß er mindestens 20 Prozent der Bruttogeschoßfläche als Grünanlage ausweist. Im Rahmen eines Sanierungsprogramms für die überalterten Stadtteile, dessen Durchführung für viele Mieter leider nicht zu Verbesserungen führt, sondern eher zum Gegenteil, nämlich zu schweren Problemen und Belastungen, sollen auch neue Grünflächen und Fußgängerzonen geschaffen werden. Eine besonders umstrittene Entscheidung ist der Versuch, dem innerstädtischen Bereich durch die Errichtung gigantischer Hochhaus-Siedlungen wie Gropiusstadt, Staaken, Hakenfelde und das Märkische Viertel Entlastung zu schaffen und den dringenden Wohnungsbedarf zu decken. Durch die Betonburgen wird den Berlinern der Horizont verstellt, soziale Konflikte werden von der Innenstadt an den Stadtrand verlegt.

So sehr der neue Flächennutzungsplan das Stadtbild verändert, insgesamt sieht er eine abermalige Erweiterung der Grünflächen um 715 Hektar vor, er beschneidet freilich auch das private Grün. Besonders die »Laubenpieper« müssen Land lassen. Etwa 1000 Hektar beträgt heute die Fläche, die ihnen zur Verfügung steht.

Über Naturlandschaften, die unser Erbe sind

Das Naturerbe, das die Berliner von ihren Vätern und Vorvätern übernommen haben, ist mager. Und was sie weiterreichen können, wird noch magerer sein, so pfleglich sie auch damit umgehen mögen. Das gilt vielleicht weniger für die Naturräume als vielmehr für ihren Inhalt, die Fauna und Flora. Sie sterben uns selbst unter den fürsorglicher gewordenen Händen weg, kranken schon jetzt vielerorts an der dicken Luft, am sauren Regen, am Grundwasserverlust.

Auf den ersten Blick erscheint uns das Berliner Naturerbe noch immer reich. Wenn wir mit dem Flugzeug einfliegen, sehen wir den Havelfluß als breites Silberband, das smaragdgrüne Inseljuwelen einfaßt. Das Grün der Wipfel dominiert auch an den Ufern, geradezu zaghaft erscheinen darin die blaßroten Farbtupfer der Dächer, und erst allmählich werden die Farben ausgetauscht. Es herrscht der wohltuende Eindruck eines grünblauen Rasters aus Wasser- und Grünflächen.

Aus der Nähe betrachtet, sieht manches anders aus. Die Spree mit ihren Nebenflüssen Panke und Wuhle kann ihre behäbige Breite nur bis Treptow bewahren, danach wird sie in die harten Bandagen künstlicher Ufer gezwungen. Ihr Delta, mit dem sie mehrarmig in Spandau der Havel das Wasser reichte, ist verloren gegangen. Geblieben ist ein Labyrinth an Wasserarmen in morastigem Grund, deren Ufer von Menschen okkupiert sind, die hier beharrlich die Idylle suchen. Klein-Venedig heißt das Laubenpieper-Paradies. Die Havel wird zum Glück nur im Kern von Spandau kanalisiert.

Den Werdegang unserer eiszeitlich geprägten Landschaft repräsentieren noch immer die Kette der Grunewaldseen, das Tegeler Fließ und einige Pfuhle. Auch die Forsten Berlins bewahren eine Reihe landschaftlicher Kleinodien. Zu ihnen gehören im Grunewald zum Beispiel der Pech- und der Barssee mit insgesamt nur 17,5 Hektar, der Teufelssee mit elf Hektar, das Hundekehlefenn mit etwa zehn Hektar, die südlichen Teile des Grunewaldsees und des Postfenns, zusammen etwa 13 Hektar, und das Lange Luch mit knapp 15 Hektar. Diese Naturräume, meist Moore mit charakteristischen Pflanzengesellschaften, sind als reine Schutzgebiete ausgewiesen. Der Grunewald selbst samt seinem Havelufer und dem verbliebenen Schilfgürtel mit 3200 Hektar ist Landschaftsschutzgebiet.

Im Spandauer Forst haben mit über 32 Hektar der Große und der Kleine Rohrpfuhl und der Teufelsbruch noch urtümlichen Charakter. Im Düppeler Forst nimmt das Große Fenn knapp sechs Hektar ein. Es gehört zu Zehlendorf. Charlottenburg besitzt als einziges Naturschutzgebiet nur die Fließwiese Ruhleben mit knapp zwölf Hektar Fläche. In Steglitz sind die zweieinhalb Hektar des Schloßparks Lichterfelde geschützt und im Bezirk Reinickendorf der Ziegeleigraben Albtalweg mit rund eineinhalb Hektar. Von den vielen Inseln in der Havel sind bei uns die Pfaueninsel samt Schilfgürtel und »Parschenkessel« und die winzige Insel Imchen in Kladow Naturschutzgebiete, was indessen die Insel Imchen nicht vor dem Verlust ihres Schilfgürtels bewahrt hat. Alle Naturschutzgebiete zusammen nehmen in Berlin nur etwa 219 Hektar ein.

Während sich in den Naturschutzgebieten meist nur Fachleute im Dienste der Pflanzen und Tiere zu schaffen machen sollten, der Bürger möglichst auf Distanz gehalten wird, genießt das Tier- und Pflanzenleben im sogenannten Landschaftsschutzgebiet geringere Privilegien. Dort hält das Gesetz der Verwaltung leider verschiedene Hintertürchen offen. Da sollen Zersiedlung, regellose Ablagerung, Kahlschlag und andere Beeinträchtigungen nur »vermieden« werden, während Land-, Forst- und Fischereiwirtschaft das Gebiet »angepaßt« entwickeln und »ordnungsgemäß« nutzen dürfen. Der Bürger darf »landschaftliche Schönheit, Vielfalt oder Eigenart« genießen, darf sich hier ergehen und lagern. Leider belastet er, was er lieben sollte, manchmal allzu sehr.

Letzte Inseln ursprünglicher Natur

Der Schutz, den Landschaftsschutzgebiete genießen, ist also oft fragwürdig, und einige Gebiete wie die Tiefwerder Wiesen, weite Strekken zu beiden Seiten des Tegeler Fließes, der Kladower Unkenpfuhl sowie gewisse »Ruhezonen« an den Havelufern sollten unter Naturschutz gestellt werden. Die größten Landschaftsschutzgebiete sind: der Grunewald mit einem 20 Meter breiten Uferstreifen und den Resten des Schilfbestandes, insgesamt 3200 Hektar, der Spandauer Forst mit 1200 Hektar, zu denen auch Ufer- und Schilfzonen gehören, der Tegeler Forst mit 2200 Hektar, in die Seeufer und Schilf sowie verschiedene Inseln eingeschlossen sind und der Düppeler Forst mit 1372 Hektar, in denen auch der Volkspark Klein-Glienicke und die Havelufer enthalten sind.

In Gatow und Kladow sollen rund 711 Hektar landwirtschaftlicher Restflächen wie Getreidefelder und Obsthaine, dazu Rieselfelder, Waldstücke und Unkenpfuhl, die sumpfigen Seeufer des Glienicker Sees sowie 20 Meter Uferstreifen bewahrt bleiben. Der Bezirk Spandau, zu dem die beiden ehemaligen Haveldörfer gehören, hat außer den genannten Gebieten Pichelswerder mit seinem Schilfgürtel davor, die Weinmeisterhöhe, die Faule Spree nahe Siemensstadt, den Grimnitzsee an der Heerstraße, Schilf und Uferwiesen, die Tiefwerder-Wiesen, das Gebiet um die Spandauer Zitadelle mit dem Festungsgraben und einer Verlandungszone, zusammen etwa 850 Hektar, unter Landschaftsschutz gestellt.

Kleinräumige Landschaftsschutzgebiete im »grünen« Bezirk Zehlendorf sind außer Forst und Volkspark Klein-Glienicke die Rehwiese in Nikolassee, der Heinrich-Laehr-Park, der Alte Gutshof Düppel, am Teltowkanal das Gut Eule und ein Wiesengelände, das »Gemeindewäldchen Zehlendorf«, das Krumme Fenn nahe dem Königsweg, ein Waldstück beim Oskar-Helene-Heim und eine Wiese an der Borussenstraße in Nikolassee. Dieser Flickenteppich macht insgesamt 91 Hektar aus.

Durch Reinickendorf zieht sich als Tegeler Fließ ein Mäanderflüßchen mit sumpfigen Uferzogen, von denen etwa 260 Hektar geschützt sind. Auch Heiligensee und Umgebung, insgesamt 43 Hektar, sind als Landschaftsschutzgebiete ausgewiesen. Unter Landschaftsschutz stehen in Reinickendorf auch der Wald der Fürst-Donnersmarck'schen Stiftung in Frohnau mit über 116 Hektar und vom Schloßpark beim Humboldt-Schloß ein etwa zehn Hektar großer Teil im Süden.

Tempelhof schützt das »Wäldchen am Königsgraben« in Marienfelde, die Nachtbucht in Lichtenrade, ein Waldstück östlich vom Kirchhainer Damm und einen Pfuhl an der Britzer Straße in Mariendorf.

Arm an Grün wären Steglitz und Neukölln, wären hier nicht der Botanische Garten und dort der neue Erholungspark am Massiner Weg. Als schutzwürdig gelten in Steglitz nur vier Hektar Grün am Teltowkanal, während Neukölln das Vogelschutzgehölz am Wildmeisterdamm, den Klar- und den Roethepfuhl mit insgesamt sechseinhalb Hektar unter Schutz gestellt hat.

Pointen der Natur

An insgesamt 1642 Stellen, über alle zwölf Bezirke verteilt, nun hat sich die Natur mit außergewöhnlichen und inzwischen sehr alten Schöpfungen selbst Denkmäler gesetzt. Der Mensch hat sie zum Glück erkannt und Bäume, Felsblöcke, aber auch auf fünf Hektar begrenzte Flächen von besonderer landschaftlicher Gestalt und wertvollem Inhalt geschützt. Den Begriff Naturdenkmal verdanken wir Alexander von Humboldt, der erstmals von den »Monuments de la natur« schrieb.

Von seiner Wortschöpfung bis zur Einrichtung einer »Staatlichen Stelle für Naturdenkmalpflege Preußen« im Jahre 1906 vergeht das ganze 19. Jahrhundert. In diesem Jahrhundert sichert zum Beispiel das große Amerika längst seine Nationalparks, bevor sich noch die Gefahr einer Nutzung oder Ausbeutung einstellt. Bei uns werden in jener Zeit nur der Drachenfels im Siebengebirge und die Teufelsmauer im Harz unter Schutz gestellt. Die Idee des Naturschutzes verstärkt sich in der Romantik, die die Natur zum Inhalt vieler ihrer Werke macht.

Von den Fachleuten rührt sich Anno 1846 erstmals ein Professor für Botanik in Breslau, der eine »Chronik der alten Bäume Schlesiens« vorlegt. Von seinen Schülern ist Hugo Conwentz der konstruktivste Kopf. Auch er legt ein Inventar eindrucksvoller Bäume Westpreußens an, formuliert aber nun auch Grundsätze zu ihrem Schutz und baut diese zu einer Denkschrift aus, die 1904 erscheint. Conwentz wird zwei Jahre darauf in Danzig zum Leiter der bereits erwähnten Staatlichen Stelle ernannt, die 1910 nach Berlin umzieht. Sehr streng sind die Grundsätze nicht, nach denen man schützt, und an größere Flächen ist auch nicht gedacht.

»Denkmäler der Kunst, der Geschichte und der Natur sowie der Landschaft« werden dann im Nachfolgestaat des untergegangenen Königreichs Preußen und des Deutschen Kaiserreichs in den Topf ein und desselben Artikels geworfen. Die Ziele ändern sich erst mit dem Reichsnaturschutzgesetz von 1935, das nun nicht nur die rechtlichen Voraussetzungen für den Schutz großer Flächen schafft, sondern auch ganz klar ausspricht, was es als Naturdenkmal sieht: »Einzelschöpfungen der Natur, deren Erhaltung wegen ihrer wissenschaftlichen, geschichtlichen, heimat- und volkskundlichen Bedeutung oder wegen ihrer Eigenarten im öffentlichen Interesse liegt (z. B. Felsen, erdgeschichtliche Aufschlüsse, Wanderblöcke, Wasserfälle, alte oder seltene Bäume)«. Nun können die Forscher zur Bestandsaufnahme schreiten. In Berlin wird ein »Naturdenkmalbuch« angelegt, das der Polizeipräsident zu führen hat!

Das Buch beziffert als Nummern 1 bis 3 mehrere Eichen in Köpenick und Reinickendorf. Die »Freiheitseiche« in der Reinickendorfer Straße ist nunmehr durch die politische Teilung der Stadt zur Nummer 1 bei uns geworden.

Das Naturschutzgesetz kam viel zu spät

Schmerzhaft ist uns in den letzten Jahrzehnten deutlich geworden, wie wenig der frühere Naturbegriff, der am Anfang von der kunstgeschichtlichen und später einer mehr heimatkundlich-gefühligen Betrachtungsweise geprägt wurde, den um sich greifenden Tod ursprünglicher Landschaft und damit spezialisierter Tier- und Pflanzenarten verhindern konnte. Für viele Lebewesen zu spät ist daher das Bundesnaturschutzgesetz von 1976 gekommen, das in seinen landesrechtlichen, also Berliner Bestimmungen über das schon Geschützte hinaus »Quellen und Gewässer, Moore, Wiesen-Ökotope ..., Pflanzenvorkommen, Einstände, Tierstraßen (wie Wildwechsel oder Wanderwege der Lurche) sowie Laich- und Brutgebiete« zu bewahren sucht.

Die Inventur durch die Fachleute im Land Berlin hat erbracht, daß unter den 1642 als Naturdenkmälern geschützten Objekten Bäume mit 1574 Exemplaren den größten Anteil haben. Dann folgen als »Restposten« der Eiszeit und zum Glück nicht durch frühere Bauwut zertrümmert, 45 Findlinge. Aus der Zeit der Weichselvereisung

Üppiger Kettenkerbel als Wegbegleiter auf den Gatower Rieselfeldern

stammen noch einige Pfuhle oder Sölle. Zehn dieser kleinen Teiche hat man schon 1956 unter Schutz gestellt, weil man nicht zusehen konnte, wie immer mehr Pfuhle durch Grundwasserverlust oder Entwässerung austrockneten oder einfach zugeschüttet wurden. Die meisten Pfuhle sind auf Neukölln konzentriert. Neukölln gehört zum Teltow, auf dem früher allein etwa 200 Pfuhle lagen. Verblieben sind davon 30.

Die weitere Bilanz sieht mager aus. Da sind als Naturdenkmäler noch vier Wiesen zu nennen – drei in Reinickendorf, eine in Spandau –, zwei Flachmoore (in Spandau), ein Kleinreservat mit 39 besonderen Bäumen in Steglitz, ein Teich in Schöneberg, eine Zungenbeckenlandschaft in Charlottenburg, ein Trockenrasenstück mit charakteristischer Pflanzengesellschaft in Spandau, ein besonderer Grünzug in Tempelhof und eine Düne im Wedding. Sogar ein Mittelstreifen in Zehlendorf wird im »Naturdenkmalbuch« der obersten Behörde für Naturschutz und Landschaftspflege genannt. Er ist als ehemalige Allee mit seinen rund 900 Bäumen etwas Besonderes.

Wir wollen nun nicht zu sämtlichen Linden, Eichen, Findlingen, Pfuhlen oder Mooren marschieren, die heute geschützt sind, unter den schutzwürdigen Gewächsen, Steinen und Landschaftsbildern aber jene schildern, die auch besondere Erlebnisse vermitteln.

Aus den Urwaldzeiten des Grunewaldes

An die Zeit, da der Grunewald noch Urwald gewesen ist, erinnern die dunklen Weiher und Moore, die wir tief eingebettet im Forst und entlang der Seenkette finden. »Urwald« ist er bis zum 18. Jahrhundert gewesen; denn das Interesse der Hohenzollern war hier vornehmlich auf die Jagd gerichtet, nicht auf holzwirtschaftlichen Nutzen. Ein Förster, den Joachim II. einstellte, mußte für Waldbienen-Honig und eine gute »Strecke« sorgen. Das Jagdschloß am Grunewaldsee, 1542 von Caspar Theyß erbaut, diente den Jagdgesellschaften der Kurfürsten und Könige bis zum Jahre 1907 als rustikaler Rahmen für Feste und als Herberge (Seit 1933 hängen dort Bilder deutscher und holländischer Meister des 16. und 17. Jahrhunderts).

Schnellwüchsige Kiefern, die man allenthalben pflanzte, sollten dann im 18. Jahrhundert den wachsenden Holzbedarf decken helfen. Allmählich entwickelte sich der durch das Jagennetz gegliederte Einheitsforst, den die älteren Berliner noch gesehen haben; er stand so bis 1945, freilich von den breiten Breschen zerschnitten, die man für die Eisenbahn und die Avus schlug, und gelichtet für die Häuser von Berlinern, die ins Grüne und an die Seeufer drängten.

Nach dem II. Weltkrieg gingen die Forstämter daran, den schwer geschädigten Kiefernforst allmählich wieder um die Baumarten zu bereichern, aus denen sich der Wald früher einmal zusammengesetzt hatte, und einige Arten neu einzuführen. Und so, als einen Mischwald aus Kiefern, Douglasien, Lärchen, Eichen, Ahornen, Linden, Eschen, Robinien, Buchen, Birken und – am Wasser – Erlen, kennen wir ihn heute.

Vom ursprünglichen Wald zeugen nur an den versumpften Ufern der Seen und in den Mooren noch einige Reste. Da ist zum Beispiel am Südufer des Grunewaldsees mit Korb-, Silber-, Bruch-, Grau- und Lorbeerweide eine große Artenzahl Weiden versammelt. Dazu gesellen sich Erlen und bilden mit den Weiden zusammen ein richtiges Auenwäldchen. Im Langen Luch, südlich von Paulsborn, stehen Schwarzerlen in einem Erlenbruchwald. Am Barssee finden wir noch uralte Kiefern und Eichen, darunter einige mit über sechs Metern Stammumfang. In der Fließwiese Ruhleben steht ein Erlenbruchwald im südlichen Teil, während die Hänge von alten Kiefern und Eichen überzogen sind.

Von den Mooren und Sümpfen liegen nur drei im Inneren des Waldes; sie umgeben dort den Pech-, den verlandeten Bars- und den Teufelssee. Die meisten also erstrecken sich entlang der eiszeitlich geprägten Seenrinne der Grunewaldebene im östlichen Teil. Im westlichen Teil ist das Gelände hügelig und erreicht eine Höhe von 97 Metern.

Die durch Landriegel gegliederte Seenkette zeigt uns auch, wie weit der Grunewald früher gereicht hat. Sie beginnt nämlich mit dem »Nassen Dreieck« an der Hebbelstraße, und auch der Lietzensee an der Neuen Kantstraße, der Halensee sowie Diana-, Hertha- und Koenigssee gehören zu ihr. Im Wald setzt sie sich heute erst wieder mit dem Hundekehlesee und dem Hundekehlefenn fort. Ihnen folgen der Grunewaldsee, das Lange Luch, das Riemeisterfenn, die Krumme Lanke, der Schlachtensee, der Nikolasgraben, der die Rehwiese durchzieht, und schließlich der Nikolassee.

Das Hundekehlefenn, ein nährstoffarmes Hochmoor

An den Rändern der meisten Moore darf der Naturfreund heute allenfalls Zaungast sein. Manche Areale mußten sogar eingezäunt werden, weil sich für einige Naturfreunde Zurückhaltung nicht von selbst versteht. Das gilt zum Beispiel für das Hundekehlefenn an der Koenigsallee im Grunewald. Doch auch vom Weg aus können wir den charakteristischen Landschaftseindruck gewinnen. Im Zentrum ist das Fenn noch ein nährstoffarmes Hochmoor. Auf etwa 2000 Quadratmetern bilden dort Sumpfporst, Moosbeere, Sonnentau, Sumpfcalla und andere inzwischen seltene Arten die typische Pflanzengesellschaft. An seinem Rande aber, wo wir stehen, können wir über den Fenngraben hinweg auch die Schäden beobachten, die nährstoffreiches Überschwemmungswasser verursacht hat. Entengrütze, ein typischer Nährstoffanzeiger, schwimmt dort auf den phosphathaltigen Wasserarmen, »Flußbegleiter« sind Birken, Erle und Flatterbinse. Und auch tiefer im Moor, wo das Hochwasser Nährstoffe abgesetzt hat, haben Pflanzen wie Farne, Kiefern, Zweizahn oder Taubnessel die ursprüngliche Vegetation verdrängt. Inzwischen ist der Graben als Verursacher gegen das Moor hin kräftiger abgeschottet worden, sein Wasser auch durch die neue Phosphat-Eliminierungsanlage Beelitzhof von Nährstoffen befreit, wovon alle Moore an der Seenkette und die Seen selbst profitieren. Der Fenngraben verbindet nämlich die Grunewaldseen mit der Havel. Phosphathaltiges Wasser fließt zunächst einmal über ihn aus dem Stadtgebiet in die Havel und ist lange Zeit bei Hochwasser durch Rückstau von dort zurückgeflossen und über Schwachstellen in der Uferbefestigung in die Moorlandschaften eingesickert. Dieser schädliche Fluß scheint nun sowohl bereinigt als auch gebändigt zu sein.

Das Beispiel des Hundekehlefenns zeigt, daß zum Naturschutz die Naturkenntnis kommen muß, wenn Wirksamkeit gefragt ist. Ist sie gefragt? Als ich Aufnahmen für einen Naturfilm machen durfte, störten wir eine Rotte Wildschweine, die sich krachend ins Gehölz schlug. Ich sah, daß man sich im Fenn eindeutig über bestimmte Erkenntnisse hinwegsetzte und das eingezäunte Gelände als Wildgehege nutzte, was es seit 1929 auch gewesen ist. So gilt das Fenn zwar immer noch als »das wertvollste Moor des Grunewaldes«, wie die Behörde sagt, doch hat es in langen Jahren neben der Deformierung seines ursprünglichen Charakters auch den Verlust von 30 Arten höherer Pflanzen erlitten. Ob der seltene Moorfrosch noch darin laicht, ist auch sehr fraglich.

Pechsee, Postfenn, Teufelssee

Auch den Pechsee, in den Jagen 117/118 des Grunewaldes gelegen, können wir nur aus der Distanz betrachten. Er ist eingezäunt. In früheren Jahren wurde er manchmal von meditierenden »Blumenkindern« besucht, deren schlankstes aber auch mindestens 50 Kilogramm wog und die Vegetation zerdrückte. Schaden hat der von Kiefern und Sandbirken gesäumte See freilich durch Sünder ganz anderen Kalibers genommen. Sein Wasserspiegel ist während der letzten Jahrzehnte um fünf Meter gesunken, weil man Millionen Liter Grundwasser, die bei den großen Bauvorhaben in der Stadt aus dem Boden quollen, abpumpte und nicht wieder versickern ließ, sondern in die Kanalisation ableitete. Mit dem sinkenden Wasserstand starb nicht nur die Flachwasser-Vegetation, auch der Chemismus des Wasserkörpers änderte sich, der Biotop wandelte sich vom nährstoffarmen Moorsee zum Flachmoorweiher. Seggen, Sumpfcalla, Moosbeere und andere Arten verloren an Boden. Verschwunden sind am Pechsee inzwischen sieben Libellenarten, und von den Amphibien ist wiederum der Moorfrosch ganz selten geworden.

Verlandungsgefahr droht dem See auch von der benachbarten Saubucht. Von dort kommt – durch Samenflug – eine Rohrkolbeninvasion, die nur schwer zu bekämpfen ist. Trotz solcher Einflüsse ist der Pechsee mit den kesselartig ansteigenden Hängen, den Kiefern auf dem Moorboden, mit Seggen, Binsen und Pfeifengrashorsten eine der ursprünglichsten Landschaften Berlins: »Nach jüngsten pollenanalytischen Untersuchungen«, befindet die Oberste Naturschutzbehörde, »kann die Entwicklung der Lebensgemeinschaften im und am Pechsee 12 000 Jahre weit bis in die Zeit nach dem Abschmelzen des Gletschereises zurückverfolgt werden. Noch bevor der See im Nordteil vor 8000 Jahren verlandete und die Torfbildung begann, wurde die Landschaft 3500 Jahre früher von einer Ascheschicht aus einem Ausbruch des ehemaligen Laachersee-Vulkans (Eifel) überdeckt, die in den Pechsee-Ablagerungen ebenso wie im Teufelsbruch und anderen Berliner Mooren erhalten geblieben ist. Bis zum Mittelalter entwickelte sich die Lebensgemeinschaft des Pechsees ungestört, aber auch danach blieb der menschliche Einfluß bis in das letzte Jahrhundert verhältnismäßig gering.«

Im Mittelalter, und zwar wohl um das Jahr 1300, lieferte das Moor Material für Pechbrenner, die einen Teerofen am Seeufer aufgestellt hatten. Sie hatten wohl allen Mut zusammennehmen müssen; denn über den düsteren See geisterten Wasserfledermäuse und nährten – zusammen mit den Geräuschen der Nacht – allerlei Trugbilder.

In den Grunewald eingebettet liegen auch der Barssee (Saubucht) und der Teufelssee mit dem Teufelsfenn sowie das Postfenn. Mit der Post hat der Name dieses Fenns nichts zu tun, sondern mit einer früher hier vorkommenden Charakterpflanze, dem Sumpfporst. Früher wurde diese Pflanze auch Poß genannt. Als in dem Moor, bis Anfang des 19. Jahrhunderts, noch Torf gestochen wurde, hieß es »Poß-Fenn«.

Das Postfenn ist nun trockengefallen und wird von Sandbirken und Pfeifengras beherrscht. Nur im Südteil erinnern einige freie Flächen, die vom Scheidigen Wollgras und anderen Gräsern, die armen Boden benötigen, bewachsen sind, neben Torfmoosen noch an die ursprüngliche Landschaft. Verschwunden sind nach den Berichten der Forscher der Neuntöter, die Gefleckte Heidelibelle und die Zebraspinne. Jetzt fühlen sich vor allem noch Wildschweine und Rehe hier wohl, denen das Birken-Buschdickicht Deckung gewährt.

Anders ist die Situation beim Teufelsfenn und beim Teufelssee. Beide wären auch längst trockengefallen, hätte sie nicht das nahe Wasserwerk Grunewald, das von 1878 bis 1967 in Betrieb gewesen ist, mit Wasser versorgt. Dafür sind die Schäden hier anderer Natur.

Erst einmal ist die Kiefern-Sumpfporst-Ausprägung verlorengegangen, als 1934 der Grundwasserspiegel um rund viereinhalb Meter sank. Durch die Badelustigen, die heute die Ufer stark belasten, hat der kleine See dann, bis auf ein Stück am Südwestufer, den Schmuck seines Gürtels aus Schilf, Binsen und Seggen verloren. Im angrenzenden Fenn haben Überschwemmungen durch das nährstoffreiche Seenwasser Pflanzengesellschaften aus Birken, Pappeln und Traubenkirschen begünstigt, während die an armen Boden angepaßten Moorbewohner in einen letzten seefernen Winkel abgedrängt worden sind.

Grunewaldsee, Langes Luch und Fließwiese Ruhleben

Die Baumarten des Weiden-Auenwaldes, den wir aus gebührendem Abstand im südlichen Teil des Grunewaldes betrachten können, habe ich schon aufgezählt. In den Jahren, nachdem man das Ufer unter Schutz gestellt hat, haben sich hier nun 188 Farn- und Blütenpflanzen zum Teil eingestellt, zum Teil behauptet. Außerdem sind 31 Wildtierarten heimisch. Wer sich die Zeit nimmt, kann die Wasserfledermaus beim abendlichen Beuteflug beobachten, den Teichrohrsänger hören und den Wasserfrosch, wenn er Hochzeit hält.

Besonders reiche naturgeschichtliche Aufschlüsse über die Ausbreitung der Vegetationsdecke in Berlin und der Mark Brandenburg hat das Lange Luch geliefert. Dieses noch immer waldreiche »Moor südlich Paulsborn«, wie es früher einmal hieß, dehnt sich etwa 1100 Meter entlang dem Fenngraben aus und nimmt in der Breite nur 180 bis 300 Meter ein. Die Botaniker haben im Moor noch 174 Pflanzenarten ermittelt. Da stehen junge Bäume dicht an dicht in einer Krautdecke mit Seggen, Wolfstrapp und Sumpfschildfarn. Da stehen Schwarzerlen mit ihren charakteristischen Stelzwurzeln. Zu ihnen gesellen sich, je nach den Bodenverhältnissen, Moorbirken und Flatterulmen. Zwischen den Bäumen schimmern Wasserarme, in denen sich Moosbulten wie kleine Inseln erheben. Dieser Erlenbruchwald nimmt den größten Teil des Moores ein, steht nicht nur in den nassen Schlenken, sondern trockener auch auf sogenannten Bulten. Eine andere charakteristische Pflanzengesellschaft im Langen Luch setzt sich aus Kiefern und Wollgras zusammen.

Durch die Untersuchung des Moorbodens weiß man jetzt, daß etwa zwischen 3000 und 700 vor Christus hier der Wandel vom See zum Moor geschah. Die sogenannten Mudden, die Seeablagerungen also, beginnen in 6,75 Metern Tiefe und nehmen über drei Meter ein. Erst bei 11,90 Metern beginnt der Sandboden. Die Torfschicht, die als Niedermoortorf bezeichnet wird, steht über den Seeablagerungen 4,75 Meter hoch an. Etwa zwei Meter hoch ist darüber der hochmoorartige Torf, in dem die meisten Pflanzen wurzeln.

Man hat die im Boden erhaltenen Pollen analysiert und an dem reichen Anteil an Kiefernpollen auf den Rang dieses Baumes in Berlin und Teilen der Mark während der letzten Jahrtausende schließen können. Erst nach Kiefer und Birke breiteten sich Haselnuß, Eiche, Ulme, Erle, Linde, Buche und Hainbuche – in dieser Reihenfolge – aus. Auch heute enthält die oberste Torfschicht 82 Prozent Kiefernpollen, die durch Anflug aus dem nahen Wald gekommen sind. Nur neun Prozent beträgt der Anteil an Erlenpollen.

Wer in das wuchernde Dickicht der Fließwiese Ruhleben eintaucht, glaubt sich beim Anblick faulender Stämme, der hakenden Brombeerbüsche, der hüfthohen Brennesseln, von Frauenfarn, Springkraut, Tollkirsche und Holunder in der letzten Wildnis Berlins. Unter dem Druck von Wind und Schnee haben gestürzte Bäume einen Lichtschacht ins grüne Blätterdach gerissen, den nun junger Aufwuchs schnell zurückerobert. Alte Erlen behaupten sich gegen die junge Konkurrenz. Aus dieser »Grünen Hölle« kämpfen wir uns hinaus, tasten uns über die schwingende Moosdecke in einen Erlenbruch.

An anderer Stelle wachsen Eichen und Birken, oder eine Grauweiden-Birkengesellschaft erhebt sich über einer Krautschicht aus Weiderich, Moor-Labkraut, Reitgras und Sumpfblutauge. Die Hänge des Fließtales teilen Kiefern und Eichen untereinander auf.

Wer möchte nicht Freude über ein solch reiches Stück Natur empfinden, das im westlichen Grunewald am Fuße der so arg zersiedelten Murellenberge noch übriggeblieben ist? Doch der Name Fließwiese besagt schon, daß man das Tal, das von einer torfigen Rinne in Nord-Südrichtung durchschnitten wird, früher als offene Landschaft gekannt hat, als ein Flachmoor, das von Rohrkolben und Schilf bedeckt war und gesäumt von einem Erlenbruch. Hier sind Grasmücken und Rohrsänger zu Hause gewesen, und der Neuntöter hatte freies Feld für die Jagd. Diese Anpassungsspezialisten sind verschwunden. Eingezogen ist die »Berliner Mischung« aus Amseln, Meisen, Spatzen und was sonst dazugehört.

Auch in diesem Revier hat der Grundwasserverlust den größten Schaden zur Folge gehabt. Die Auslichtung der Wildnis mit Axt und Säge wäre also auf Dauer kein Rezept zur Wiederherstellung der alten Landschaft. Als wirksamste Maßnahme ist dagegen die Anhebung des Grundwasserstandes anzusehen.

Kältepol im Spandauer Forst

Der Spandauer Forst, der sich nördlich des Bezirks ausdehnt und der Länge nach von der Kuhlake durchzogen wird, birgt zwei Besonderheiten: den Kältepol der Stadt und ihr wertvollstes Naturschutzgebiet.

Der Wald mit seinen Kiefern, Birken und Stieleichen nimmt einen Teil des Talsandgebietes im Warschau-Berliner Urstromtal ein. Er gewinnt seinen Reiz durch die von der Eiszeit geprägte Schmelzwasserrinne mit einer Kette von Mooren. Drei dieser Moore sind Naturschutzgebiete. Es hat ihnen gutgetan, daß sie schon seit 1933 unter Schutz stehen; denn so haben sie einen unvergleichlichen Rang als Refugien seltener Tiere und Pflanzen bewahrt.

Der Große Rohrpfuhl ist als ein nährstoffreiches Moor zahlreichen Blütenpflanzen gastlich, die wiederum die größte Anzahl von Schmetterlingen anziehen, die jemals in Berlin ermittelt worden ist. Eine Bestandsaufnahme hat rund tausend verschiedene Arten erbracht. Auch der Große Feuerfalter ist vertreten, den man als »Charaktertier des Havelländischen Luchs« bezeichnet.

Zum Havelländischen Luch gehört übrigens der Große Rohrpfuhl. In seinem Zentrum ist er überwiegend baumfrei, wird dann gesäumt von einem Streifen aus Birken, Faulbaum, Pfeifengras und Moosen. An den alten Entwässerungsgräben steht Erlenbruchwald.

Rohrpfuhle und Teufelsbruch

Ein Bilderbuchmoor ist der Große Rohrpfuhl dennoch nicht; denn auch er hat durch einen sinkenden Wasserspiegel an Substanz verloren. Der größte Verlust ist das Verschwinden des Moorfrosches, der hier ein staatliches Laichgebiet eingenommen hat. Dagegen soll die scheue Waldschnepfe den Pfuhl immer noch als Brutgebiet annehmen. Mancher Beobachter hat sie hier balzen sehen.

Wer dieses wertvolle Niedermoor im Spandauer Forst besuchen will, findet es – wie auch den Kleinen Rohrpfuhl – in den Jagen 51, 52 und 62. Obwohl der Kleine Rohrpfuhl dem Großen nahe ist, hat er mit diesem nur den Namen gemeinsam. Er gehört nicht mehr zum Havelländischen Luch und ist aufgrund seiner nährstoffärmeren, versauerten Böden als sogenanntes Übergangsmoor, das von Birken und Kiefern bewohnt wird, eher dem Pechsee verwandt.

Unter den Berliner Naturschutzgebieten nimmt der in den Jagen 14 und 25 des Spandauer Stadtforstes gelegene Teufelsbruch die Spitzenstellung ein und ist darüber hinaus sogar ein Lebensraum von überregionaler Bedeutung.

Das hat der Teufelsbruch dem ungewöhnlichen Zusammentreffen verschiedener Faktoren zu verdanken: Zunächst einem Mikroklima mit großen Temperaturschwankungen, das selbst noch im Sommer Nachtfröste kennt. Hier liegt der Berliner Kältepol. Hinzu kommen eine überaus hohe Boden- und Luftfeuchtigkeit und schließlich nährstoffarmer Grund. Nur hier haben sich so besondere Ökosysteme wie ein Wurzel- und ein Fadenseggenmoor mit zum Teil einzigartigen Pflanzenvorkommen ausbilden können.

Der Teufelsbruch besitzt in seinem Zentrum eine offene Wasserfläche und Röhrichtbestände, die für sieben Lurcharten als Laichgebiet von Bedeutung sind. Erlenbruchwald, eine Erlen-Faulbaumgesellschaft sowie – am Rande – Stieleichen und Birken prägen das übrige Gebiet.

Zu den besonderen Reichtümern dieser »letzten Wildnis« zählen 800 Schmetterlingsarten, 555 Käfer-, 152 Spinnen- und 56 Wirbeltierarten. Die Flora setzt sich aus 317 Arten von Farn- und Blütenpflanzen, 63 verschiedenen Moosen und 241 Pilzarten zusammen. Durch die Eigenart des Bruchs als Kälteinsel sind hier Insekten heimisch, die sonst nur in Skandinavien oder im Hochgebirge vorkommen. Die besondere Sorge der Naturschützer gilt daher der Erhaltung des Mikroklimas, wozu unter anderem immer wieder Auslichtungsaktionen notwendig gewesen sind.

Mit Recht benutzen die Naturschützer für ihre Arbeit dasselbe Wort wie die Denkmalpfleger, sie restaurieren. Ein Gesetz und ein Zaun schaffen oder erhalten nämlich allein noch keine Naturoase. Die Gefahren und Einflüsse sind in einem Ballungsgebiet wie Berlin so vielfältig, daß mehr getan werden muß. Große Gefahren werden von dem zweiten Spandauer Kraftwerk befürchtet, weil man eine Veränderung des Grundwasserstandes voraussieht. Um Schäden, die durch 15 neue Brunnen der Berliner Wasserwerke – geplante Fördermenge 200 000 Kubikmeter pro Tag – zu befürchten sind, in Grenzen zu halten, wurde 1982 eine Versickerungsanlage gebaut, die über die Kuhlake und zusätzliche Gräben zwei großen Versickerungsteichen am Oberjägerweg etwa 25 Millionen Kubikmeter Wasser pro Jahr spendet. Die Teiche, mitten im Wald gelegen, geben in ihrer Flachwasserzone neuen Raum für Amphibien, locken Graureiher und Zwergtaucher an und laden mit Nisthilfen den kleinen, schillernden Fischjäger zur Ansiedlung ein.

Im Düppeler Forst nur ein winziges Rückzugsgebiet

Der Düppeler Forst ummantelt Nikolassee und Wannsee und reicht bis zur Stadtgrenze oder an die Ufer der Grenzgewässer. Die Verwandtschaft zum Grunewald wird nicht nur durch den Mischwald deutlich – auf sandigem Grund dominiert dabei die Kiefer –, sondern auch durch die Seenkette mit dem Kleinen Wannsee, dem Pohle-, dem Stölpchen- und dem Griebnitzsee, die miteinander verbunden sind.

Wasserwanderer haben hier ihr Revier. Die meisten Seeuferstrecken sind zwar von feudalen Immobilien in Besitz genommen worden, doch kann man mit dem Kanu und Paddelboot auch noch unter dunklen Wipfeln entlanggleiten oder an grünen Wiesen lan-

Die Lindenallee im Schloßpark zu Tegel

den. Im Düppeler Forst ist auch die Parkschöpfung Klein-Glienicke gelegen.

Das Große Fenn, ein Bilderbuchmoor?

Die ursprüngliche Pflanzenwelt hat in diesem Raum aus gestalteter oder nach forstwirtschaftlichen Grundsätzen angelegter Natur nur ein winziges Rückzugsgebiet, und zwar im Jagen 60. Etwa vier bis sechs Meter tiefer als die Umgebung liegt die Mulde mit dem Namen Großes Fenn, die das einzige Naturschutzgebiet des Düppeler Forstes darstellt. Das Moor hier ist auf Grund- und Regenwasser angewiesen und wäre längst tot, hätten sich Baumaßnahmen ähnlich nachteilig ausgewirkt wie im Grunewald und anderswo. Weil es aber »in dieser Hinsicht … bisher von allen Berliner Naturschutzgebieten am wenigsten verändert« ist, wie die Naturschutzbehörde feststellt, ist es seit langem schon Forschungsobjekt der verschiedenen Wissenschaftszweige in den Berliner Hochschulen.

Uns interessiert eine Vegetationskarte besonders, in der die Ökologen festgelegt haben, was eigentlich ständigem Wandel unterworfen ist. Danach sind im Zentrum des Fenns »Inseln« mit Fadenseggen ausgewiesen, die von Kiefern umringt werden. Sumpfreitgras nimmt eine ähnlich große Fläche ein wie die Kiefer. Auch die Kiefer profitiert schon von einem geringen Absinken des Grundwasserstandes. Doch dicht steht sie nur im Süden und Norden des Fenns, wo sich auch Bulten mit Widertonmoos behaupten. Auf drei Seiten regelrecht gesäumt erscheint das Moor von Birken und Pfeifengras. Auch in diesem Moor sind noch die Moosbeeren und der Insekten fangende Rundblättrige Sonnentau zu Hause.

Feldflur und Rieselfelder am Westufer der Havel

An den Westufern der Havel sind trotz der intensiven Nutzung noch immer ungewöhnlich großzügige landschaftliche Ausblicke geboten. Der größte Industriebezirk der Stadt hat nämlich mit 1584 Hektar auch eine besonders große landwirtschaftlich genutzte Fläche, und davon sind wieder gut 230 Hektar Feldflur sehr reizvoll und so alt wie das Dorf Gatow, an dessen Rändern sie beginnt: über 700 Jahre.

Die Uferpromenade an der Havel erschließt zur Zeit gut acht Kilometer unmittelbarer Wasserfront mit wechselnden Bildern. Die meisten sind geprägt von weidlicher »Mischnutzung«, wie es im Amtsdeutsch heißt. Ruhezonen der Natur mit Röhricht, Weiden und Erlen sind mehr und mehr zurückgegangen. Über den Rückgang des Röhrichts gibt es eine kontinuierliche Dokumentation, die für die Zeit zwischen 1962 und 1967 30 Prozent ermittelt hat und bis heute über 90 Prozent. Doch kann man inzwischen auch manchen Uferstreifen sehen, der wieder von einem neugepflanzten Röhrichtband geschmückt ist.

Die Spaziergänger können ihre Wanderung im Norden Spandaus am Teufelssee-Kanal beginnen und über den Weg am Aalemann-Kanal bis Tegelort wandern. Im Süden beginnt der Weg an der Scharfen Lanke in Bocksfelde und endet am Breitehorn. Das »Hinterland« bietet Anlagen wie den Südpark an der Heerstraße mit seinem Seerosen-Teich, vor allem aber in Gatow Badewiesen, Forst, Heide, Getreide und Gemüsefelder, Obsthaine, Grabenböschungen, Hecken, Busch- und Baumgruppen. Im Mittelteil der Gatower Feldflur sind 1975 zwei kleine landschaftliche Kostbarkeiten restauriert und zu Naturdenkmälern erklärt worden – der Hüllenpfuhl und der Windmühlenberg, der eine besonders wertvolle Erdflechtenvegetation aufweist.

Die Hochflächen um die ehemaligen Dörfer Gatow und Weinmeisterhöhe werden der Nauener Platte zugerechnet. Hier, wo seit dem Jahre 1903 ein Teil der Abwässer verrieselt und durch Gräben abgefangen wird, hat sich ein Naturraum ausgebildet und auf 120 Hektar auch erhalten, in dem 296 zum Teil seltene Farn- und Blütenpflanzenarten gedeihen. 55 Vogelarten brüten in dem Gelände, und als Durchzügler sind schon Wildgänse, manchmal Kraniche und vereinzelt Fischadler gesichtet worden. Die Gatower Rieselfelder, die sozusagen künstlich zum nährstoffreichen Feuchtgebiet gemacht worden sind, enden im Westen an der Mauer und »versanden« in der Gatower Heide und am Rande des Gatower Forstes.

Tegeler Forst, Tegeler See, Tegeler Fließ

Mit Wald und Wasser besonders gesegnet ist Reinickendorf. Da ist der Tegeler See – eigentlich nur eine Havelbucht von vier Kilometern Länge und durchschnittlich einem Kilometer Breite. Da ist in einer langgestreckten Niederung das Tegeler Fließ. Und da ist der zweitgrößte Wald Berlins, zu dem am südlichen Rand des Tegeler Sees der Landschaftspark der Humboldts und einige Jahrhunderteichen gehören, die Naturdenkmäler sind.

Der See hat eine Wasserfläche von über 400 Hektar, die wir freilich nicht so einfach überblicken können. Denn am »Eingang« der Havelbucht drängen sich die Inseln Valentinswerder, Maienwerder, Baumwerder, Scharfenberg und Reiswerder. Erst jenseits der Enge gewinnt der See an Weite. Dem Ufer zur Linken gelingt mühelos der Übergang von der typisch märkischen Naturlandschaft zum Landschaftspark: Hier der weißsandige Saum, lichter Kiefernbestand, tausend Meter weiter der Park von Reiherwerder mit der erlesenen Baumsammlung des alten Borsig. Im Hintergrund steht dunkel der Tegeler Forst. So düster ist er noch dem Dichter Goethe erschienen, daß er Gespenster sah: »... das Teufelspack, es fragt nach keiner Regel/Wir sind so klug, und dennoch spukt's in Tegel«.

Wo der Teufel sein Revier hatte, wissen wir nicht. Heute steckt er eher im Detail schweflig-sauren Regens, der die Leitgewebe unserer Bäume erkranken läßt. Genießen wir den Wald, solange wir noch können – den Buchenwald von Heiligensee, den Kiefernwald bei Schulzendorf und den großen Mischwald, der von der Ruppiner Chaussee auf der einen sowie Hermsdorf und Frohnau auf der anderen Seite begrenzt wird!

In der Tiefe dieser Wälder kann der Spaziergänger Stille finden, während ihr Saum, besonders der Ufersaum am Tegeler See, Trubel verheißt. Die Greenwich-Promenade zwischen dem Pavillon du Lac und dem Borsighafen mit der roten »Sechserbrücke« über den Nordgraben hat zu jeder Jahreszeit Saison. Auch wenn die schwimmenden Kaffeetafeln an den Landebrücken winterfest eingemottet sind, kommt hier der Mensch, um Ausblicke und Seeluft zu genießen und dem Kampf der ewig hungrigen Schwimmvögel um die hingeworfenen Brocken bei behaglich gefülltem Bauch zuzuschauen oder mit klammen Fingern die Stippruten zu halten. Die Fauna im See wäre fast erstickt, kann nun aber mit Hilfe künstlicher Belüfter wieder richtig Sauerstoff schöpfen. Nur wenige Schritte sind es übrigens von der Promenade zum ältesten Baum Berlins, der an der Grenze zum Humboldt'schen Landschaftspark steht, einer über 800 Jahre alten Eiche.

Wer die Karolinenstraße überquert und in das Waldstück gegenüber eintaucht, kann dort die letzten Windungen des Tegeler Fließes besichtigen. Ich bin einmal im Kanu eines Freundes die acht Fließkilometer von der Grenze bei Lübars bis zum Wehr vor der Humboldtmühle gepaddelt. Ein urtümliches Erlebnis! Wir haben Weihen über den Wiesen kreisen sehen, den Schwänen, die sich bedrohlich auf vorspringenden Landzungen gelagert hatten, Wegzoll in Form von Futter zahlen müssen, dem Eisvogel beim Fischen zugeschaut, haben Feuchtwiesen, Erlen- und Weidengehölze betrachtet und sind am Ende des Wasserweges in den kühlen, domhohen Wald eingetaucht, der vom Gesang der Nachtigallen widerhallt.

Graureiher auf der Insel Baumwerder im Tegeler See

Kiefernbestand im Spandauer Forst

Blick über den Rohrkolben-Gürtel der Pfaueninsel auf die Insel Kälberwerder

Junge Moorbirken beherrschen heute das Bild des Postfenns

Der Grunewaldsee

Baumveteranen, die Jahrhunderte überdauert haben

Von Lenné gepflanzt: Buchenwald im Volkspark Klein-Glienicke

Symbol von Ewigkeit: Steineiche auf der Pfaueninsel

Aus der Verwesung keimt es neu im Glienicker Forst

Brusthohe Saumvegetation auf den Gatower Rieselfeldern

Gatower Rieselfelder

Blick von der Weinmeisterhöhe auf Spandau und zum Grunewald

Verlandendes Gewässer in »Klein-Venedig« in Spandau,
im ehemaligen Delta-Gebiet der Spree

Am Rande des Hubertussees in Frohnau
wachsen Schwarzerlen, Sumpfschwertlilien und Seggen

Mitten in der Stadt liegt heute der Fennsee im Volkspark Wilmersdorf

Das überflutete Riemeisterfenn mit Schwarzerlen, Minze und Seggen

Das Lange Luch im Winter

Unter Berlins Naturdenkmälern ist die »Dicke Marie« (r. o.) das älteste

Zersplitterte Weide am Ufer des Sausuhlensees im Friedhof Heerstraße

Ländliches Berlin: Getreidefeld und Forst in Gatow

Mäanderbogen des Tegeler Fließes. Rohrkolben und Kalmus schützen die Ufer

Uferstück am Tegeler Fließ mit gestürzter Weide

Wie die Natur in Pflege kam

Über das Arkadien der Hohenzollern. Über die Gartenschöpfungen in Charlottenburg und Potsdam. Über die Absage an die barocke Gartengesinnung und die romantische Strömung, die die Pfaueninsel, Charlottenburg und Klein-Glienicke erfaßte. Über den Garten, in dem Wissenschaft das Bild bestimmt. Über den Tiergarten und andere Parkanlagen, die man dem Bürger zugedacht hat. Über die Bundesgartenschau, auf der ein Gesinnungswandel Gestalt annahm.

Blick vom Charlottenburger Schloßturm auf das barockisierte Parterre

Der Große Kurfürst als oberster Gärtner

Die Markgrafen bis zum 15. Jahrhundert mögen sich mit einem Gemüse- und Kräutergarten und vielleicht ein paar Blumenbeeten begnügt haben. Über Johann Georg aber wissen wir, daß er sich vom Hofgärtner Desiderius Corbinianus einen richtigen Hofgarten hat anlegen lassen. Im Jahre 1573 holte der Markgraf diesen Fachmann nach Berlin, und Corbinianus schuf auf dem Gelände zwischen dem Schloß und dem heutigen Alten Museum die früheste uns bekannte große Gartenanlage. Sie bot für Jahre neben Nützlichem Augenfreuden und die grüne Kulisse für festliche Anlässe.

Die Berliner Anlage verkam im 30jährigen Krieg, erlebte aber in Kurfürst Friedrich Wilhelm einen besonders engagierten Erneuerer. Sein Hofgärtner hieß Michael Hanff, und dieser entwickelte nun im Zusammenwirken mit dem Schloßbaumeister Memhardt einen Lustgarten im Frühbarock-Stil. Anno 1649 mußte Michael Hanff übrigens im Küchengarten die ersten »Tartüffeln« anpflanzen. Zur Zierde des Gartens gehörten gewiß auch Tulpen, die seit 1561 in Holland gezüchtet wurden, nachdem sie reisende Kaufleute aus dem Orient eingeführt hatten.

Ein Teil des Gartens war exotischen Pflanzen reserviert. Nicht weniger als 960 Arten gediehen dort. Sie überwinterten im »Pomeranzenhaus«. Die Zahl ist uns freilich erst aus dem Jahre 1672 überliefert, in dem Dr. Johann Sigismund Elßholtz Inventur machte. Von Elßholtz, der eigentlich Medicus war, haben wir auch die erste Flora der Mark Brandenburg, die »Flora Marchica«. Der Garten wurde alsbald beträchtlich eingeengt, da der Große Kurfürst 1658 zum Ausbau der Befestigungen schritt.

Die Anfänge des Botanischen Gartens

Beim Dorfe Schöneberg nun, nördlich der Straße, die von Berlin nach Potsdam führte, unterhielt der Kurfürst ein Stück Land, auf dem Hopfen gedieh. Der Hopfen blühte dort, wo heute der Kleistpark liegt. Vermutlich reifte der Plan, auf dem sieben Hektar großen Gelände einen Mustergarten anlegen zu lassen, als der Kurfürst seinen Geheimen Rat Daniel Stefanie in Schöneberg besuchte. Dieser war Lehrer des Kurprinzen. Im Jahre 1679 jedenfalls begann ein Gärtner mit Namen Michelmann das Werk. Zur Seite dürfte ihm Dr. Elßholtz gestanden haben. Doch soll der Kurfürst, dem wir sein zupackendes Wesen ansehen, selbst mit Hand angelegt haben. Sinn und Zweck der neuen Anlage war nicht nur die Versorgung der Hofküche mit Gemüse und Früchten. Vielmehr sollten die Untertanen sehen, was man aus einem Stück Land alles machen konnte, machen mußte, um des Hungers Herr zu werden. Dabei wollte der Kurfürst auch die hochentwickelten niederländischen Anbau-Methoden umgesetzt wissen, die er in seiner Jugend kennengelernt hatte. Der Garten wurde ein Erfolg.

Der Große Kurfürst war ein großer Gärtner seines Landes. Das ist auch im übertragenen Sinne gemeint. Er war tatkräftig und maßvoll. Doch Männern mit solchen Eigenschaften folgten unter den Hohenzollern oft schon in der nächsten Generation ganz gegensätzliche Charaktere. So auch auf Friedrich Wilhelm. Im Urteil meines Geschichtslehrers gab es während der Herrschaft des nachfolgenden Kurfürsten Friedrich III. nur zwei Taten von historischer Dimension: Er krönte sich im Jahre 1701 in Königsberg zum König in Preußen, und er gründete die Societät der Wissenschaften. Im übrigen verströmte er seine Phantasie in luxuriösen Plänen, die unglaubliche Ausgaben verlangten. Aber ich sage: Die Kriege der sparsamen Preußenkönige kosteten das Volk mehr als die Eskapaden der prunksüchtigen. In die Regierungszeit Friedrichs III. fällt nun die Anlage des großen Barockgartens in Charlottenburg. Zur Kategorie Prachtentfaltung gehört aber auch die erste Gestaltung des alten Jagdreviers Tiergarten. Der Kurfürst läßt eine schnurgerade Schneise durch den Wald schlagen und Laternen aufstellen: Das ist der Anfang der Charlottenburger Chaussee, die heute Straße des 17. Juni heißt. Auch der Große Stern im Mittelpunkt von vier Alleen ist seine Idee. Hier sind barocke Gestaltungsgrundsätze wirksam.

Eiserne Grundsätze für barockes Grün

Der Barockstil, der von der Mitte des 16. Jahrhunderts an die Malerei, die Skulptur, die Musik, die Literatur und die Architektur durchdrang, erfaßte auch die Gartenkunst. Man hat zeitweilig Michelangelo als den Schöpfer des Barock angesehen, doch sind die Quellen wohl älter und sprudelten an mehreren Orten. Ob das Wort Barock von baruco herrührt, das im Spanischen und Portugiesischen eine Perle von unregelmäßiger Form bezeichnet, ist auch umstritten. Aber das Bild der »barocken« Perle erscheint treffend.

Im Frankreich des 17. Jahrhunderts nun war ein Jean Le Nôtre Erster Gärtner des Königs in den Tuilerien. War dieser schon ein Meister seines Faches, sollte er doch im Sohne seinen Meister finden. Das Glück wollte es nämlich, das der im Jahre 1613 geborene André Le Nôtre bei dem Maler Simon Vouet in die Schule ging, der nach einem langen Aufenthalt in Italien seine Bildwerke im Barockstil malte und diese Bildauffassung weitergab. Le Nôtre jedenfalls übernahm nach dem Studium der Malerei und der Architektur als ersten großen Auftrag die Gestaltung des Gartens von Vaux-le-Vicomte. Die Pracht des nach barocken Grundsätzen gestalteten Gartens brachte dem Besitzer zwar die Amtsenthebung als Finanzminister Ludwigs XIV. und Gefängnis wegen der Veruntreuung von Staatsgeldern ein, Le Nôtre aber die Karriere. Mit 34 Jahren wurde er Planer und 1654 als Nachfolger seines Vaters Erster Gärtner in Versailles. Dort entsteht das »Gartenwunder von Versailles«. Die Gärtner europäischer Fürsten pilgerten nicht alle nach Versailles, um diese Schöpfung in sich aufzunehmen. Und doch wurde Le Nôtres Werk Vorbild für viele Gärten. Der Schriftsteller Antoine Joseph Dezallier d'Argenville gab bemühten Gärtnern bald nach dem Tode Le Nôtres ein Buch in die Hände, das – von Versailles ausgehend – die hohe Schule barocker Gartenkunst lehrte. Darin wurden die eisernen Grundsätze entwikkelt, nach denen sich das Grün zu richten hatte.

Der Barockgarten ist in seinem Grundriß mehr lang als breit. Die gerade Linie einer durchgehenden Mittelachse ist sein Rückgrat. Sie stellt die Verbindung mit dem Schloß her; denn Zufahrt, Garten und Schloß müssen eine Einheit aus gebauter und gepflanzter Architektur bilden. Der streng lineare Aufbau des Gartens verlangt auch exakt beschnittene Bäume und Hecken. Unmittelbar vor dem Schloß liegen die flachen Broderiefelder, deren Buchsbepflanzungen in die Zucht einer streng symmetrischen Ornamentik genommen werden. Den flachen Broderien aus Buchslinien und Kiesfeldern folgen höhere Hecken- und Baumquartiere, in denen sich, aufeinander abgestimmt, grüne »Salons« befinden: Zu den Attributen gehören Wasserspiele, Kanäle, Holzlaubengänge, Plastiken und Bahnen für Kugelspiele.

Im Barockgarten werden Pflanzen zu Plastiken. Nehmen wir eins seiner Gestaltungsmittel, die Eibe oder Taxus. Außer der zuckerhutartigen muß sich der Taxus noch acht verschiedene Schnittformen gefallen lassen. So läßt man zum Beispiel Spitze und Sockel stehen – den Sockel rund oder eckig – oder man schneidet das Mittelstück bis zum Stamm heraus. Oder man schafft drei Etagen, deren Mittelteil mal kugelig, mal scheibenförmig geschnitten wird. Das obere Drittel kann dann auch spindel- oder kugelförmig gestaltet werden. Schließlich gibt es Bäume mit vier Etagen, bei denen alle Varianten durchgespielt werden.

Charlottenburg, die erste französische Gartenschöpfung

Soviel zur Vorgeschichte und den Bildern, die den Charlottenburger Barockgarten prägten. Friedrich ist Kurfürst und noch nicht König, als Johann Arnold Nering im Jahre 1695 mit dem Bau des Lustschlosses beginnt. Der Landesherr hat es seiner Gemahlin Sophie Charlotte zugedacht. Durch Verlängerung der »Linden« soll es über den Tiergarten mit der Residenz verbunden sein. Als mit dem Bau von Schloß und Anlage begonnen wird, trägt das Projekt noch den Namen des Dorfes Lietzow, in dessen Gemarkung es liegt: Lietzenburg (»Lustenburg«, spöttelte die Kurfürstin manchmal). Nach dem Tode Sophie Charlottes erhält es ihr zu Ehren den Namen, den wir kennen.

Die erste Gartenanlage wird von dem Franzosen Simon Godeau geschaffen. Doch die Kurfürstin wendet sich auch an Le Nôtre, der einen anderen Entwurf beisteuert. »Sein Entwurf«, befindet die Bauherrin nun, »scheint mir einfach zu sein.« Sie meint wohl »zu« einfach. Offenbar geht bei der Anlage des Gartens, dessen Plan uns durch Christoph Pitzler überliefert ist, nichts ohne die engste Mitwirkung der Kurfürstin, deren Mutter schon als große Gartenmäzenin gilt. Herrenhausen bei Hannover ist ihr Werk.

Nachdem sich der Kurfürst 1701 zum König gemacht hat, muß sich mit der neuen Statur des Hauses Hohenzollern auch die des Schlosses ändern. Eosander von Göthe wird jetzt mit den Plänen für eine erweiterte Schloß- und Gartenanlage betraut. 1702 wird mit den Arbeiten nach seinen Entwürfen begonnen. Zusammen mit dem Schloß entsteht nun ein Barockgarten, der zur größten Gartenschöpfung dieser Art in Brandenburg-Preußen werden soll. Sophie Charlotte erlebt die Vollendung nicht. Sie stirbt 1705. Doch auch acht Jahre später, als der König stirbt, ist der Ausbau noch nicht abgeschlossen.

Friedrich Wilhelm I., der nun wiederum ein Muster an Geiz war, ließ viele Schöpfungen seines Vaters verkommen. Den alten Lustgarten am Berliner Schloß sah er als Luxus an und ebnete ihn zum Exerzierplatz ein. Im Tiergarten ließ er zahlreiche Bäume fällen. Auf der freien Fläche exerzierten Soldaten. Den Schloßgarten von Charlottenburg ließ er immerhin bei notdürftiger Pflege überleben. Der Schöneberger Garten dagegen wurde zum Küchengarten degradiert, und in diesem Sinne verwaltete ihn von 1713 an Dr. Andreas Gundelsheimer, Leibarzt des »Soldatenkönigs«.

Dieser Gundelsheimer hatte mit dem »Hopfengarten«, wie er immer noch hieß, wissenschaftliche Pläne. Doch kam ihm der Tod zuvor. Der König tat dann, was sein Leibarzt nicht tun mochte. Er unterstellte den Garten am 2. April 1718 der Societät und damit deren Botaniker, Professor Dr. Michael Matthias Ludolff. Wir verdanken diesem Mann übrigens den ersten »Catalogus Plantarum Berolinensium«. 1746 erschien er als Bestandsaufnahme des Gartens, aber auch der wilden Flora.

Ich weiß nicht, ob die Herren der Societät über das »Geschenk Hopfengarten« erfreut waren; denn aus der Ordre des königlichen Geizkragens geht hervor, daß er wieder einmal eine finanzielle Last abwarf, indem er im »Hopfengarten befindliche rare auswärtige Bäume, Stauden und Gewächse« der Societät übergab und befahl, sie solle »dahingegen die erforderte Kosten zu Anfertigung der Kasten mit solcher Gewächse gehörigen Conservation und Vermehrung herschiessen«. Den Gartenteil, von dessen Pflanzen Friedrich Wilhelm I. sich Nutzen versprach, behielt er dagegen in der Regie »Unserer Hoffapotheke« und damit des Gärtners Michelmann II. Diesem überließ der Wissenschaftler Ludolff auch die praktische Pflege des Gartens.

30 000 Taler für die Gartenreparatur von Charlottenburg

Der gärtnerische Fortschritt kam mit dem Jahre 1740, als Friedrich II. Charlottenburg zu seiner Residenz ausbaute und den Garten zusammen mit dem Hofgärtner Joachim Arndt Saltzmann, der den Ansprüchen des königlichen Garten-Dilettanten mehr als gewachsen war, weiterentwickelte.

30 000 Taler bewilligte der König zunächst zur, wie es hieß, »Gartenreparatur«. Wir lesen in den alten Quellen, daß zur Gestaltung des Parterres in Trampe, im Oberbarnim, zuerst Buchsbaum für die Hecken gekauft wurde, »und die Bauern aus den Dörfern zwischen Trampe und Charlottenburg ... gegen Rechnung für den Transport sorgen« mußten. Auch aus Falkenrehde kam Buchs. Und da all dies schön wachsen sollte, verlangte der König von seinem Oberstallmeister allen »Mist, so in denen Gendarmes Ställen gemacht wird«. Manchmal schien ihn des Vaters Erbe, der Geiz, zu bedrängen. Das war wohl so, als er per Kabinettsordre vom 8. Oktober 1740 dem Hofgärtner für 200 Taler Blumenzwiebeln bewilligte, aber verlangte: »... es dürfen aber solche nicht kostbar seyn, wann sie nur von schöner Farben sind ...«

Selbst heute, da der Landschaftsgärtner mit dem Bulldozer Berge versetzen und ausgewachsene Bäume mitsamt den Wurzeln ausgraben und einige hundert Kilometer transportieren lassen kann, staunen wir noch über die Zahl großer Pflanzen, ja, mächtiger Bäume, die für den Garten des Schlosses Charlottenburg – zum Teil von weit her – geholt wurden. Schon 20 Kilometer sind nach damaligen Begriffen eine große Entfernung, zuckelten doch die Vier- und Sechsspänner auf den schlechten Wegen Preußens oft nur mit einer Tagesleistung von acht bis zehn Kilometern dahin.

Zu den Buchsbäumen, die aus Trampe und Falkenrehde herbeigeschafft wurden, mußten die Förster nun für die Boskette »400 Stück Lindenbäume und 6000 Stück junge Habüchen zusammensuchen«, die aus Ladeburg und Biesenthal kamen. Saltzmann ließ im Jahre 1744 auch noch 4500 Linden in Lastkähnen aus Hamburg kommen, doch wird von Fachleuten bezweifelt, daß sie alle im Lustgarten von Charlottenburg angepflanzt worden sind, wo doch schon 4000 Bäume standen.

Auch von baumpflegerischen Maßnahmen in Charlottenburg wissen wir. So meldet Saltzmann am 22. Februar 1741 dem König »gehorsamst«, daß »über 4000 stück bäume in hiesigen gartten sindt und weil die bäume der meiste teihl sehr gros und hoch sind daher die arbeidt nicht sehr sputten wil und wen die 12 tagelöhner in Einer woche 50 stück bäume rein machen vile mehr wirdt Es nicht wan es sol gut gemacht werden, ich werde meinen müchligsten fleis anwenden und die leutte zur arbeitt anhalten das so viel als müchlig ist gemacht wirdt. doch aber ist leicht zu erachtten das in diesen frühjahr die bäume nicht alle können renoviert werden.«

Weil er Charlottenburg zunächst zu seiner Residenz machen wollte, ließ Friedrich II. sich den Ostflügel des Schlosses durch Knobelsdorff anbauen. Und davor sollten die Ideale der Rokoko-Gartenkunst entfaltet werden.

Der Vorgarten vor dem Neuen Flügel sollte dem König Sichtschutz und auch ganz private Erbauung bieten. Mit bis zur ebenen Erde heruntergezogenen Fenstern hielt der Flügel enge Verbindung zum Vorgarten, den man über eine dreistufige flache Treppe erreichte.

Das Prunkstück von Charlottenburg war die Orangerie. An diesem Gartenteil blieb Friedrichs Interesse auch wach, als er sich nach Sanssouci gewandt hatte.

Der Gartenhistoriker Clemens Alexander Wimmer beklagt heute, daß im Schloßpark von Charlottenburg so wenig von der friderizianischen Gartenkunst erhalten geblieben ist. Da fehlt hinter den Seitenflügeln, wo heute nur noch die römischen Kaiserbüsten stehen, die Hecke, die den Plastiken Hintergrund und der Fassade Abschirmung und Schmuck bot. Außerdem seien die Büsten nicht in den alten Positionen, sei auf jeden Fall das ursprüngliche Bild der Architektur verfälscht. Der Kritiker vermißt auch die dreistufige Gartentreppe am Neuen Flügel, der doch eben als Gartenhaus gedacht war. Aus diesem Grund gefällt ihm auch nicht, daß die früher bis zum Boden reichenden Erdgeschoßfenster zugemauert worden sind. Vom Vorgarten Friedrichs ist bis auf ein paar Bäume und Rasen ohnehin nichts geblieben. Der Schnitt der zwölf Taxusbäume und die Gestaltung der Rasenflächen seien überhaupt nicht mit den ursprünglichen Absichten des königlichen Gartenplanes im Einklang.

Die Suche nach einer gartenhistorisch und denkmalpflegerisch vertretbaren Lösung für den ganzen Garten dauert noch an. Wir können nur hoffen, daß man bis zum 200. Todestag Friedrichs II. im Jahre 1986 fündig geworden ist.

»..absonderlich die Statuen beschädigen...«

Friedrich II. dachte zu Beginn seiner Regierungszeit auch an die Erholungsbedürfnisse der Bevölkerung. Sie durfte den Schloßgarten besuchen und ist dabei manchmal wenig pfleglich mit den Pflanzen umgegangen. Saltzmann hatte so sehr seine Not mit den »gemeinen Leuten«, daß er am 29. Mai 1741 den König »um baldige resolution« bat. So stand denn eines Tages auf einer »Ordre« am Garteneingang zu lesen: »Nachdem biß anhero Höchstmißfällig angemercket worden, in dem Köngl LustGartten zu Charlottenburg verschieden Unordnungen vorgegangen, so daß alle gemeinen Leuthe hineingelassen werden, welche allerhand Unfug darinnen anrichten, absonderlich die Statuen beschädigen, und die Blumen abbrechen, überdem von denen Bäumen und Hecken die Zweige abreißen, als wird Jedermänniglich hiermit verwarnet, sich dessen zuenthalten, zugleich auch denen gemeinen Leuthen bekandt gemachet, daß wenn sich ein oder der andre dergl unterstehen sollte, es sey Mannes oder Frauens Persohn, sie zu gewärttigen, daß sie sogleich in der dasigen Wache arretiret und zur empfindl Leibes Straffe gefangen werden sollen, wor nach ein jeder sich zuachten, und vor Schaden zuhüten hat.«

Der Tiergarten wird renoviert

Öffentliches Grün bot der Tiergarten. So beauftragte der König den Freiherrn Georg Wenzeslaus von Knobelsdorff, das Gelände für die Untertanen herzurichten, und bald wurde der »Thiergarten« Naherholungsziel aller Berliner. Anweg der meisten Besucher waren »die Linden«. Vor dem Brandenburger Tor, wo die Spree in einem schönen Bogen daherkommt, befanden sich »die Zelte«. Das Wort war für die Vergnügungslokale am Wasser noch geprahlt; denn die meisten waren primitive Buden oder Gevierte aus Kiefernreisig, in denen man auf rohbehauenen Bänken sitzen und Bier trinken konnte. Überliefert ist aus dem Jahre 1760 »Die goldene Gans«. Ein anderes Lokal hieß »Der Schafstall«. Mit der »Zuckerdose« hatte sich der Besitzer zur Errichtung eines stattlichen Rundbaues aufgeschwungen. Ein richtiges Zelt gab es aber auch. Das gehörte dem Conditor Reibedanz, bei dem man »Gefrorenes« und »vorzüglichen Kirschkuchen« essen konnte.

Den Tiergarten von damals schilderte ein Besucher, der sich »zwei Zelte am Wasser bestellt« hatte, ziemlich begeistert: »... Die Zelte liegen in dem schönsten Teil des ganzen Tiergartens, die Aussicht ist majestätisch. Das Invalidenhaus schimmert durch das Gebüsch hindurch, und die Charité ragt über den großen Eichen hervor. Vor den Füßen des Beschauers fließt die Spree vorbei. Sie wird nie leer von Schiffen, welche teils Holz, teils Kaufmannsgüter, die letzteren von Hamburg über Magdeburg bringen.«

Viele Leute, die unter den »Tangelhütten« saßen, waren weniger der schönen Landschaft wegen hier, sondern wegen der Aussicht auf hübsche Mädchen. Sie tranken, machten ein Spielchen, tanzten, lauschten der Musik einer Kapelle und schmauchten ihr Pfeifchen. Wer sich in der Natur ergehen wollte, wanderte meist weiter ins »Moabiterland«, wo der Wollanksche Weinberg wartete, auf dessen Höhe eine Windmühle übers Land schaute. Auch dort standen Ausflugslokale. Es dehnten sich aber auch Getreidefelder und eine Baumschule. Vom Moabiterland konnten Fußmüde dann per Gondel zurück in Richtung »Thiergarten« oder Brandenburger Tor fahren.

Nach Sanssouci und ein Jahrhundert Gartenkunst erwandern!

Für den Garten von Sanssouci hatte Friedrich II. im Jahre 1744 eigenhändig den Entwurf gezeichnet. Er verzichtete hier auf die große Geste, wollte im persönlichen Bereich nicht beeindrucken, sondern eher verbergen. Mit Treillage-Bogengängen kaschierte er die kargen Fassaden der beiden Seitenflügel für das Personal und die Bewirtschaftung des Schlosses. Den Garten konnte der König unauffällig betreten, indem er aus den Eckkabinetten des Schlosses in die Bogengänge spazierte. Sie endeten zu beiden Seiten in je einem mit goldenen Sonnen gezierten Pavillon. In den Wänden der Gänge waren ovale Fenster ausgeschnitten, die den Blick über die oberste Terrasse erlaubten.

Nun kamen die Dinge, die zu sehen sein sollten: Zu beiden Seiten der obersten Terrasse wurden von den Bodengängen die Büsten von je sechs römischen Herrschern postiert. Die Terrasse wurde an den Schmalseiten von Hecken eingefaßt, in denen halbrunde Nischen ausgespart waren. Hier stellte man je sechs weitere Kaiserbüsten und in ihrer Mitte die Figuren von Flora und Cleopatra auf. Über sechs Treppen konnte man nun über Wein- und Obstterrassen hinabschreiten und erreichte das Parterre. Hier wurde ein Wasserbassin eingetieft, wie es auch in Charlottenburg gewünscht, aber nicht möglich gewesen war. Auf der Höhe, hinter dem Schloß, lag der »Ruinenberg« mit einem Speicherbecken. Durch das Gefälle sollte das Wasser Kraft für die Fontänenspiele gewinnen. Doch tat die Anlage ihrem Erbauer den Gefallen nicht.

Mit Wegen wurde das Parterre in acht Felder aufgesteilt. Statuen schauten auf die Fontäne in der Mitte. Jean Baptiste Pigalle hat davon Venus und Merkur geschaffen. Andere Plastiken französischer Bildhauer stellten die vier Elemente und Griechengötter dar.

In späterer Zeit ist der Kern der Anlage Friedrichs II. verändert worden. Blicken wir vom Parterre zurück auf das Schloß, können wir heute monumentale Rotbuchen im Parterre bewundern, die wie Eckpfeiler stehen. Die Querwege, die vom Parterre an regelmäßigen Baumreihen entlang führen, münden in mehrere Heckensalons, die auch mit Statuen geschmückt sind.

Dieser Rokokogarten wird von einem stillen Wasserlauf begrenzt, ihn überbrückt ein eiserner Steg, der uns auf einen dammartigen, vom Wasser flankierten Weg leitet, und – zugleich als Sichtachse wirkend – zum Ausgang führt.

In den Neuanlagen verliert sich auch der Rokoko-Charakter des Gartens, der vom Jahre 1750 an erweitert worden ist und allmählich 290 Hektar erreicht hat. Sind wir aus den Bosketten heraus, können wir durch die Gehölzgruppen den geschwungenen Weg zum chinesischen Teepavillon gehen, dessen von vergoldeten Chinesen belagertes Rund im Rehgarten zwischen den Bäumen hervorleuchtet. Der Pfad führt weiter zum Hauptweg, der parallel zum Kanal verläuft und den Treibhaus-Komplex sowie den angrenzenden Landschaftspark Charlottenhof vom Park Sanssouci trennt.

Abstecher nach Charlottenhof

Machen wir einen kleinen Abstecher nach Charlottenhof, wo Humboldt Ruhe zum Arbeiten suchte! Wir lassen die »Römischen Bäder« auf uns wirken und gehen dann zum Schlößchen. Ein handtuchschmaler Garten empfängt uns, der jetzt im Herbst noch im Farbenschmuck seiner Knollenbegonien, Azaleen und Balearen-Margueriten steht. Das Schlößchen ist eingerüstet. Da ist der Staat gerade dabei, sein preußisches Erbe zu restaurieren. Aber man kann die Terrasse betreten und hier den englischen Landschaftspark mit seinen herrlichen Gehölzgruppen überblicken, die sich in einem weiten, sanfthügeligen Wiesengrund versammeln. Lennés Hand hat hier wieder gewirkt. Zu den kostbarsten Bäumen des Parks gehören vor allem Platanen, Stieleichen, Rotbuchen, Eiben, mächtige Birken, Tannen und Kiefern. Am westlichen Horizont erblickt man die schwarze Kuppel des Neuen Palais', der »Fanfaronade«, wie Friedrich selbstironisch genug den bombastischen Bau nannte. Ein diagonaler Weg führt dorthin und gibt uns die Möglichkeit, die Front halsbrecherisch auf der Balustrade aufgereihter Statuen abzuschreiten und dann in den Hauptweg einzuschwenken, der schnurgerade zurück nach Sanssouci führt.

Die Luft ist erfüllt von Finkenrufen, Meisengezeter und Spechtklopfen. Ausgedehnte Rhododendronbüsche, manche baumhoch im Schatten hoher Eichen, Linden und Buchen stehend, flankieren den Weg zu den Heckenquartieren, mit denen der Kern des Parks beginnt. Bei einem Querweg biegen wir links ab, weil uns hoch am Hang die Orangerie im Licht der schrägen Nachmittagssonne lockt. Die Maulbeerallee trennt das Winterquartier exotischer Pflanzen von der Jubiläumsterrasse mit ihrem halbkreisförmigen Bassin unter einer Wasserschale. Wir steigen die breiten Treppen zur Maulbeerallee hinauf, die wie eine Via Appia des versunkenen Preußen wirkt. Spaziert man die Straße rechts hinunter, gewinnt man von oben einen Ausblick auf den hofartigen Sizilianischen Garten, zu dessen Geschlossenheit Peter Joseph Lenné von einem Rückblick auf die Ideale der Renaissance angeregt wurde. Von unserer Terrasse aus überblikken wir ein Bild von geometrischer Strenge, betrachten ein kreisrundes Rasenfeld in der Mitte, geschmückt von einem Blumenstern und umrundet von einem Laubengang, überschauen von Beeten eingefaßte Brunnen.

Im Nordischen Garten Lennés jenseits der Straße herrscht das dunkle Grün von Eiben, Kiefern, Tannen und Efeu vor. Ein Tempel im Hang ist übrigens kaum geschützt, sein Muschelschmuck im Innern von Vandalenhänden mutwillig beschädigt oder geraubt. So eindrucksvoll ist er nicht mehr, dieser Garten.

Wir haben an einem anstrengenden Nachmittag in den friderizianischen Gärten ein Jahrhundert Gartenkunst erwandert, die Potsdam und auch den Park von Babelsberg mit Berlin zu einer von den Preußenherrschern geprägten Kulturlandschaft verbindet.

Absage an die barocke Gartengesinnung

Die Hohenzollern flohen fast alle die Enge der Stadt. Und einige bauten mit Vorliebe am Wasser. Auf der schönsten Insel der Havel und an reizvollen Ufern schufen sie ihr Arkadien. Ein Glück für uns; denn heute profitieren wir von ihrem Hang ins Grüne. Da die Landschaft vor den Toren Berlins mit Naturschönheiten ziemlich geizte, konnte man Lustschlösser nicht einfach hineinbetten. Die Kulisse aus Hügeln, Wasserfällen, Schluchten, Teichen, Waldstücken und Blumenbeeten mußte erst geschaffen werden. Die so entstandenen Landschaftsparks haben den Vorzug, wunderbar auf den Charakter der Bauten einzugehen – seien diese mittelalterlich, ruinenhaft, von italienischer Heiterkeit, griechischer Klarheit, von der wilden

Romantik einer Gebirgsbrücke oder dem exotischen Zauber eines Palmenhauses.

Als man Träume solcher Dimensionen zu realisieren begann, hatte man schon Abschied genommen von den Regeln des Barocks und des Rokokos. Die Absage an die barocke Gartengesinnung hatte ziemlich heftig Anthony Ashley Copper, Earl of Shaftesbury, formuliert: »Fürstliche Laune hat diesen Garten erfunden«, höhnte er über den Barockgarten, »höfische Sklaverei hält ihn am Leben.« Das war im Jahre 1695 in England. Aus England kam denn auch das neue Gartenideal, das Ausdruck einer neuen Betrachtungsweise war: In der Schönheit der Natur sah man Gott sich dem Menschen offenbaren.

Einer der wichtigsten Wortführer der britischen Gartenidee war der Dichter Alexander Pope. Er schritt aber auch zur Tat und ließ sich in Twickenham, an der Themse, einen Garten anlegen, in dem es keine »lächerlichen Baumskulpturen« mehr gab. Erst allmählich eroberte dann der »Englische Garten« die ersten Flecken in Deutschland. Im 18. Jahrhundert gewann er Gestalt in Cuxhaven, wo der Hamburger Ratsherr Brockes ein Verehrer Popes war und nach den von diesem postulierten Idealen handelte. Dann, nach dem Siebenjährigen Krieg, setzte Franz, Fürst von Anhalt-Dessau, nach einer Englandreise im heimatlichen Wörlitz Eindrücke in einem Garten um, der schon bald Vorbild für viele werden sollte.

Einer der ersten professionellen Künstler des Landschaftsgartens war Friedrich Ludwig von Sckell. In Schwetzingen, München, Mannheim und anderswo schuf er Englische Gärten. Für die Entwicklung des Landschaftsgartens im 19. Jahrhunderts gab auch ein fürstlicher Gartenkünstler wesentliche Impulse: Hermann Fürst von Pückler-Muskau. Seine Leidenschaft für seinen 500-Hektar-Park in Muskau sollte ihm zum finanziellen Verhängnis werden, so viel Geld investierte er in die Anlage. Immerhin gewann er viele, auch königliche Bewunderer, so daß er zum hochgeachteten Berater in Gartendingen wurde. 1834 erschienen seine »Andeutungen über Landschaftsgärtnerei«. Für die Hohenzollern gestaltete er den Park von Schloß Babelsberg.

Die Karriere der Pfaueninsel

Die Landschaftsgärten von Berlin sind heute alt. Wo sie vor rauhem Zugriff bewahrt geblieben sind, haben sich einst schüchterne Bäumchen zu wahren Naturdenkmälern entwickelt, die wir feiern, wenn wir die Pfaueninsel oder Klein-Glienicke besuchen. Zuerst also zur Pfaueninsel!

Ihre Karriere, in deren Verlauf sie zur schönsten Insel der Havel werden soll, beginnt im Jahre 1793, als König Friedrich Wilhelm II. sie dem Potsdamer Waisenhaus abkauft. Sie hat zu dieser Zeit viele natürliche Reize, auch wenn die dicken, alten Eichen, die auf ihr stehen, sie ein wenig düster wirken lassen. Sie beeindruckt aber den königlichen Käufer, der ein Mystiker ist und auf der Pfaueninsel in einer Welt realisierter Träume an Land gehen will.

Im Jahre 1794 beginnt Hofzimmermeister Johann Gottlieb Brendel mit dem Bau eines Schlößchens im Stil eines »alten, verfallenen römischen Landhauses«. So jedenfalls wird es im Inventar geführt. Zugedacht hat es der König seiner Geliebten, der Trompeterstochter Wilhelmine Encke. Doch das einzige, was bei diesem Haus konsequent erscheint, ist die Stilmischung. Römisch wirkt jedenfalls nichts an dem Bauwerk, das mit den aufgemalten Fallgittern und zwei durch eine Brücke verbundene Wachtürme an den Rest eines mittelalterlichen Stadttores gemahnt. Schaut man indes näher hin, so erinnert der rechte Turm mit seiner blauen Kuppel an Rußland. Der linke dagegen endet in einem Kranz scheinbar verfallender Zinnen. Die »Toreinfahrt«, die Blendwerk ist, wie es auch die auf die Holzverkleidung gemalten Steinquadern sind, wird mit einem Landschaftsgemälde »verschlossen«, das hinter dem Fallgitter Weite und Tiefe vermittelt. Das eigentliche Haus betritt man von der Seite.

Bauherr Friedrich Wilhelm II., der sich immer mehr im Mystizismus verliert und sich gar von den Rosenkreuzern eingarnen läßt, hat nicht viel von seiner Trauminsel. Als das Schloß im Jahre 1797 beziehbar ist, stirbt er.

Dagegen sieht er die sogenannte Meierei vollendet. Wieder wird hier Verfall vorgetäuscht: Die bruchstückhafte gotische Fassade soll den Eindruck vermitteln, ein Bauer habe sich mit seinem Kotten in einer Ruine niedergelassen. Der Hofzimmermeister Brendel knüpft erneut an das Motiv Vergänglichkeit an, das schon das Schlößchen kennzeichnet. Die rückwärts gewandte Phantasie des Königs will mit der Fassade aber auch die Welt der Gotik, wie man sie sich damals vorstellte, beschworen wissen, das heißt das einfache, naturverbundene Leben der Altvorderen. Hier, im Schatten einer mächtigen Stieleiche, soll man sich niedersetzen, um sich einen frischen Trunk Milch reichen zu lassen.

Lennés großer Eingriff

Die ländliche Idylle wird von Friedrich Wilhelm III. später zu einem kleinen Weiler mit Rinderstall, Schuppen und zwei Nebengebäuden weiterentwickelt.

Der große Eingriff in die bis dahin nur auf wenigen Flächen von Morsch und Fintelmann gärtnerisch gestaltete Natur der Pfaueninsel beginnt mit Peter Joseph Lenné. Die Landschaft der Insel prägt er nun, indem er zunächst Rasenflächen mit Gruppen von Laubgehölzen

Schloß und Löwenbrunnen im Pleasureground von Klein-Glienicke

anlegen läßt. Fintelmann wird 1820 mit der Zucht von Dahlien beauftragt, die etwas Neues sind. Eine Rosensammlung mit 140 Sorten, die der König 1821 erwirbt, kommt hinzu und eine Hortensienzucht. Die Blumenpracht schmückt nun die Umgebung des Schlößchens. Nach dem Gesamtplan entsteht eine Rasenachse, die von Westen nach Osten führt. An den Wegen sind Tierkäfige aufgestellt. Vor dem Schloß breitet sich eine Wiese aus, von der aus eine weitere Rasenachse zum Nordteil der Insel führt. Die Wiese wird von den beiden Höhepunkten gesäumt, dem Rosengarten im Süden und dem Palmenhaus gegenüber. Zur Schiffsanlegestelle und dem Kastellanshaus führen Laubengänge durch ein Blumenrondell. Zu den exotischen Pflanzen, die auf der Insel gezüchtet werden, gesellen sich fremdländische Tiere.

Der Verzauberung dieser Landschaft entspricht auch die Verzauberung der Bauten. Friedrich Wilhelm III. hat sich von Baumeister Krüger auf die Inselmitte ein Wirtschaftsgebäude stellen lassen. Doch im Jahre 1823 wandelt sich der Bau zum »Kavaliershaus«. Karl Friedrich Schinkel verblendet nämlich einen der beiden Türme mit der uralten Fassade eines Patrizierhauses, die Friedrich Wilhelm schon als Kronprinz in Danzig erworben hat. Den Rest des Hauses verkleidet Schinkel im gotisierenden Stil, der dem Baudenkmal seine herausragende Wirkung läßt.

Noch vom Glanz dieses noblen Hauses inmitten der dominierenden Natur überrascht, wird der Insel-Wanderer alsbald zum Entdekker einer kleinen griechischen Weihestätte. Er hat einen lichten Hain durchwandert, plötzlich öffnet sich die Landschaft, und er betritt eine kleine Wiese, auf deren Rand ein Tempelchen steht. Es ist dem Andenken der Königin Luise gewidmet. Der König hat das Tempelchen 1827 hierherbringen lassen, weil es ihm als Vorbau ihres Mausoleums im Charlottenburger Schloßpark nicht mehr edel genug erschienen ist.

Der höchste Punkt der Insel wird durch das gußeiserne Gebilde eines Brunnens gekrönt. Nach einem Entwurf Friedrich Rabes wird er 1824 errichtet. Das Wasser, das in seiner hohen Säule aufsteigt, wird mit Dampfkraft von der Havel hochgepumpt und stürzt über zwei Schalen rauschend in das Becken. Von dem Reservoir aus fließt es über Tonleitungen zu den Gartenteilen und Menagerien.

Das Zischen und Stöhnen der sich mit nur sechs Pferdestärken abmühenden Dampfmaschine wird durch die dicken Mauern eines 1822 errichteten Hauses gedämpft. Als diese Wasserkunst installiert wird, sind Natur und Technik noch kein Gegensatz. Auf der Havelinsel nimmt man das Wunderding Dampfmaschine eher als anderswo in den Dienst einer Inszenierung, die die besonderen Reize der Natur erhöhen soll.

Uns gefallen die Inselbauten. Wir sind aber trotzdem froh, daß der Natur so viel Raum geblieben ist und wir hier nicht noch weitere geerbt haben, und wirkten sie – wie der Fregattenschuppen am Anleger – noch so geheimnisvoll, poetisch oder romantisch. Friedrich Wilhelm IV. hat übrigens gut daran getan, daß er im Jahre 1842 die Tiere samt Bauten von der Insel verfügte. An die Menagerie-Phase erinnern heute nur noch die freilebenden Pfauen und ein rundes, reichbevölkertes Vogelhaus.

Metamorphosen in Charlottenburg

Der Charlottenburger Schloßgarten geriet nur langsam in den Sog der neuen romantischen Strömung. Zuerst überließ man die getrimmten Hecken und Bäume nur ihrem natürlichen Wuchs, legte im Parterre Rasenflächen an und änderte, ohne die Alleen anzutasten, die Wegführung zugunsten gewundener Wege. Doch schon eine kleine Insel nördlich des großen Teiches, auf der der Architekt Carl Gotthard Langhans 1788 für Friedrich Wilhelm II. das Belvedere erbaut hatte, wurde zu einem Landschaftsgarten gestaltet.

Der erste preußische Gärtner, der Erfahrung mit den neuen Gartenanlagen gesammelt hatte, war August Eyserbeck. Er hatte miterlebt, wie sein Vater für den Fürsten Franz den Wörlitzer Garten anlegte. Friedrich Wilhelm II. nahm ihn in seine Dienste, und der neue Gärtner entwarf erste Pläne für Charlottenburg, die auch ein Stück des Ostufers der Spree miteinbezogen. Doch daraus wurde nichts.

Eyserbeck kümmerte sich auch um die verschlammte Wasserführung, die er neu ordnete und mit der Spree verband. In den nächsten Jahren aber kamen zur Ausstattung des Parks nur die gußeiserne Feldwegbrücke und die auffällige Hohe Brücke am Ende des Karpfenteiches hinzu. Danach verbot die Finanznot Preußens alle aufwendigen Projekte.

Wandel kam mit Peter Joseph Lenné, der als ersten Schritt das westliche Boskett als einen Hain mit Linden, Kastanien, Ahorn, Rüstern und anderen Bäumen umgestaltete. Von seinen weiterreichenden Plänen, die er 1819 dem König vorlegte, genehmigte dieser indessen Veränderungen nur im Nordwesten des Parks, im »Elswald«, wo Lenné einen Aussichtshügel vorschlug, der »einen großen Überblick über die angrenzenden Wiesen bis Spandau« darbot, und von dem er eine Sichtachse zur Schloßkuppel schlug. In manchen Werken wird seine Rolle in dieser Hinsicht aber überbewertet; denn zum Landschaftsgarten, in dem Büsche und Bäume eine Rasenfläche säumten, die bis hinab zum Karpfenteich mit seiner schwungvollen Brücke reichte, das Belvedere mit seinem Dach zwischen den Wipfeln hervorlugte, wurde der Schloßgarten schon seit 1787.

Nach dem II. Weltkrieg erhielt der Park einen Erweiterungsteil mit Liegewiesen und Kinderspielplätzen. Um das künftige Gesicht des zum Teil recht unbefriedigend gestalteten historischen Teils wird noch immer gerungen.

Im Volkspark Klein-Glienicke: Natur und Raum und Zeit durchschreiten

Weit vor der Stadt, vom Bogen der Havel und dem Griebnitzsee eingefaßt, liegt der Volkspark Klein-Glienicke. Mit seiner südlichen Front grenzt er an die Königstraße, die sich schon im Jahre 1789 von einer sandigen Piste nach Potsdam zur Chaussee gewandelt hat. Manche Besucher fahren diese Straße, andere lieber mit dem Boot die Havel hinunter, wenn sie den Park besuchen wollen. Denn von Bord aus können sie die – hoch im Uferhang gelegene – evangelische Kirche St. Peter und Paul betrachten. Dem Blockhaus Nikolskoe ist sie benachbart. Am Saum dieses Uferhanges, den Hofgärtner Fintelmann einst im Auftrage Lennés bepflanzt hat, liegt auch das Gasthaus Moorlake, im Stile eines alpenländischen Bauerngehöftes erbaut. Persius hat das ursprünglich als Forsthaus gedachte »Schweizerhaus« um 1845 errichtet, als der hohenzollernsche Bauherr den Augen seiner angetrauten Bayernprinzessin eine Wohltat erweisen wollte.

Glienicke nun! Der Große Kurfürst erwarb im Jahre 1678 das ganze Dörfchen Glienicke oder Glincke aus dem Besitz der Familie von Schlabrendorf. Nach vier Jahren stand auf dem Gelände des heutigen Jagdschlosses schon ein kleines Schloß mit Nebengebäuden, die einen Ehrenhof einfaßten. Im Stil der Zeit wurde ein Lustgarten angelegt und von Kanälen eingegrenzt, die durch einen Hauptkanal mit dem Griebnitzsee verbunden waren.

Auch eine Lindenallee führte zum Seeufer. Zur weiteren Ausstattung der Anlage gehörten ein Baumgarten mit 5000 Bäumen, ein »Alter Weinberg«, ein »Neuer Weinberg« und ein großes Orangenhaus, vor allem aber der »Thiergarten« auf dem Babelsberg.

Friedrich Wilhelm I. sah sich dann – wie schon in anderen Fällen – »resolviret, das ganze Gut Glienicke nebst dem Garten daselbst an den Meistbietenden zu verpachten und sowohl des Planteurs als alle übrigen Besoldungen einzuziehen, weil ich Meine Cassen nicht mit der gleichen unnöthigen Besoldungen beschweret wissen will«.

Die verschiedenen Pächter und Besitzer versuchten in Grenzen des Geländes alles Mögliche. Auf dem Gebiet des Baumgartens entstand nach Experimenten wie einer Maulbeerzucht und einer Tapetenfabrik ein Gut. Das Areal dürfen wir uns nicht so geschlossen vorstellen, wie wir es heute kennen. Erst mit dem Prinzen Carl erfuhr es durch Schenkungen und Zukäufe seine Abrundung.

Zunächst ist es der preußische Staatskanzler, Fürst Hardenberg, der den Reiz und wohl auch den Wert Glienickes erkennt und für 34 000 Taler im Jahre 1814 vom Grafen Lindenau erwirbt. Vom Architekten Andreas Ludwig Krüger läßt er sich das alte Gutshaus komfortabler umbauen.

Peter Joseph Lenné nimmt sich noch im Jahre 1816 der Parkgestaltung als seines ersten Werkes in Preußen an. Doch die eigentliche Entwicklung beginnt erst, als, nach dem Tode des Kanzlers, dessen Erben im Jahre 1824 das Gelände für 50 000 Taler an den dreiundzwanzigjährigen Prinzen Carl von Preußen verkauften, der Glienicke in den noch verbleibenden 42 Jahren seines Lebens unter Mitwirkung der besten Gartenkünstler und Architekten seiner Zeit zu einem einzigartigen Park »komponiert«.

Über den Beginn des Werkes schreibt August Kopisch 1854: »... Lennés Plan, das Ganze parkartig zu fassen durch Führung neuer Wege, Verwandlung schlechter Ackerstücke in Forst und dergleichen mehr, blieb einstweilen vertagt; er wandte seine Thätigkeit zuerst auf den zwischen Schloß und Havelbrücke gelegenen Gartenteil. Er bewog den Fürsten, die dort hinaus gelegene Lehmannsche Büdnerstelle und Sandschelle hinzuzukaufen, um Herr der Aussichten zu bleiben, und legte nun vom Schloß hinab einen sogenannten Pleasureground an. Dazu wurde der Boden der vier prosaischen parallel übereinander geschichteten Obstterrassen verwendet, und als drei leicht erhobene, mit Laubgruppen besetzte Hügel im Dreieck verteilt, dazwischen ein Wiesengrund in sanften Schwingungen zur Havel hinabgeführt.«

Erlebnis Natur und Erlebnis Architektur

Den verschütteten Absichten Lennés hat man in den letzten Jahren nachgespürt und nach seinem Plan die unmittelbare Umgebung des Schlosses Glienicke liebevoll wiederhergestellt.

Wir können in Glienicke nicht das Erlebnis Natur vom Erlebnis Architektur lösen, weil Landschaft und Bauten eng aufeinander bezogen sind.

Das empfindet der Besucher, wenn er am Havelufer entlangspaziert und überraschend vor einem gelben Torbogen steht, der ihn – samt Festungsmauer, Türmchen und Zinnen – um Jahrhunderte zurückversetzt, und zwar nach England in die Zeit der Tudors. Hinter dem Tor drängt sich der Wald dicht und finster gegen die niedrigen Mauern. Sollen wir es wagen, durch den Tudorbogen einzutreten?

Wir wagen es mit Gewinn und genießen bald ein dramatisches Landschaftsbild! Die Teufelsbrücke läßt uns unsicheren Fußes eine tiefe Gebirgsschlucht überqueren. Über uns greifen die Bäume weit über ihre Hänge, als wollten sie einander berühren. Unter uns gurgelt der Wildbach. Wer einmal auf den Spuren Humboldts vom Vierwaldstätter See über den St. Gotthard in den Tessin gefahren ist, der hat vielleicht die Brücke gesehen, die für dieses Landschaftsbild in Berlin Pate gestanden hat. Als Persius sie wie auch den Tudorbogen im Glienicker Schloßpark errichtete und – um den Eindruck von Gefahr zu vertiefen – Baufälligkeit mit einplante, waren in den Alpen solche mittelalterlichen Brücken gang und gäbe. Persius hat 1838 die Brücke als Vorbild gedient, mit der man auf der Paßstraße zum St. Gotthard auch die wilde Reuß überquerte. Sie steht noch immer da.

Will man sich ein Bild davon machen, wie im alten Glienicke des Prinzen Pflanzen versorgt, Wildbach, See und Wasserspiele gespeist worden sind, muß man zum Maschinenhaus gehen, in dem eine Dampfmaschine, von dem Briten John B. Humphrey 1830 installiert, das Flußwasser in den Dienst nahm. Natürlich wurde solch ein Werk nicht als nüchterner Bau hingestellt. Ludwig Persius kleidete es als italienisches Festungswerk ein.

Hinter zylindrischen Türmen mit Schießscharten und dicken Mauern, erhob sich 1837 wuchtig auf einem Hügel der vierkantige Klotz des Wasserturms. Doch wirkte er nicht bedrohlich, sondern sollte vielmehr über Bogenfenster und einen Balkon in luftiger Höhe erfreulichen Ausblick über die Havel und weit ins Land gewähren. Unser Blick fängt sich heute an der Mauer am jenseitigen Havelufer.

Im Volkspark Klein-Glienicke stehen die meisten Bauwerke, Blicke anziehend und manchmal Ausblicke gewährend, mit der gestalteten Landschaft des Parkes in Verbindung. Augenfällig wird das für uns – wie schon der Name sagt – an der Großen Neugierde, einem Aussichtspavillon, den Karl Friedrich Schinkel an der Straße nach Potsdam erbaut, und natürlich am Kasino, das dieser schon im Jahre 1824 entworfen hat. Seine Balkone geben den Blick bis zum Pfingstberg frei, und die symmetrisch angeordneten Pergolen erlauben den Genuß der Landschaft in frischer Luft und gleichsam emporgehoben. Von der Havel aus betrachtet ist das Kasino ein heiterer »südlicher« Anblick. In Italien hat sich Schinkel auch zu diesem Bau inspirieren lassen.

Vor dem Kasino ankerten früher die Lustschiffe des Preußenprinzen und seiner Gäste, deren Besatzungen im »Matrosenhaus« untergebracht wurden. Das Matrosenhaus war – fern vom Ufer – an den bewaldeten Saum einer ausgedehnten Wiese gesetzt worden, als hätte man den Seeleuten Erholung vom Wasser bieten wollen.

Der kunstsinnige Besitzer all dieser Werke wohnte in einem Schlößchen im italienischen Stil, an dem Schinkel bis zum Jahre 1828 gebaut hatte. Er lebte auf einer Anhöhe nahe der Straße nach Potsdam und blickte in seinen sich sanft zur Havel hin senkenden Pleasureground oder – zehn Jahre nach dem Schloß ist sie fertig – auf die Fontäne mit den vergoldeten Löwen. Zu der Szenerie soll Schinkel bei einem Besuch der Villa Medici in Rom angeregt worden sein. Bemerkenswert an dem Schloß ist die Bescheidenheit, mit der es sich, ohne den noblen Baucharakter zu verleugnen, in die Natur einpaßt. Seine großen Fenstertüren lassen Licht, Luft und Düfte der – damals noch intakten – Natur ein; ein Aussichtstürmchen erlaubt die Rundumsicht.

Beziehungen zur Natur glaubt der Glienickefreund Börsch-Supan auch beim Wirtschaftshof zu erkennen, wo er durch die hohe Toreinfahrt beladene Erntewagen fahren sieht, oder beim sogenannten »Wildparktor«, dessen Bauteile in seinen Augen eng zusammenrücken, »um Schutz vor der unheimlichen Umgebung des Waldes zu gewähren«. Wir dürfen auch anders darüber denken, sollen sogar unsere Phantasie spielen lassen.

Besondere Anforderungen stellt in dieser Hinsicht der Klosterhof an uns, den Ferdinand von Arnim 1859 nach einem Baugedanken des Antiken sammelnden Prinzen Carl im frühmittelalterlichen Stil miniaturhaft unter die hohen Buchen stellte. Der kleine Bau barg eine wertvolle Kunstsammlung und war der letzte Bau des baulustigen Hohenzollernprinzen.

Landschaften, schwermütig bis heiter

Wir alle sind nun Erben dieses Parks, der zum »Volkspark« geworden ist. Wir können darin, wie der Bauherr beabsichtigt hat, Natur und Raum und Zeit durchschreiten. Vom schwermütigen Landschaftsbild Nordeuropas mit seinen dunklen Eichenwäldern und mächtigen Findlingsblöcken geht die Wanderung übers Gebirge – über den Wildbach der Teufelsschlucht – in die heiteren Landschaften des Südens. Und diesen Naturstimmungen folgen die Bauten. Und wenn wir von der Reise durch den künstlichen Wald zurückgekehrt sind (Lenné ließ einst 25 000 Bäume pflanzen), können wir unterhalb des Schlosses die Große Neugierde betreten, die Schinkel von 1835 bis 1837 errichtet hat. Und hier machen wir die Beobachtung, die uns zeigt, wie die Geschichte dieses hohenzollersche Arkadien überholt hat: Die Realität hinter der Glienicker Brücke ist ebenso furchtbar wie dieser Park märchenhaft. Märchen sind eben für Kinder und erwachsene Kinder. Wir können unser Wissen nicht ausschalten. Es sagt uns nach Infrarot-Untersuchungen auch, daß die Hälfte der Bäume im Park krank von den Belastungen der Umwelt ist.

Im Landschaftsgarten der Humboldts

Die »verkehrsgerechte« Stadt mit ihrem Motorenlärm ist hier nur noch als fernes Rauschen vernehmbar. Wir wandeln zwischen den

Stammessäulen hoher Linden, deren lange Schatten geordnet auf die benachbarte Wiesenaue fallen. Die Kronen über uns lassen den Himmel nur noch als eine schmale Lichtspur erscheinen. Wir treten zwischen den Stämmen hindurch, um den freien Blick auf eine Eiche zu gewinnen, die als Monument im oberen Teil der Wiese kräftig abgesetzt vor der Wand des Hangwaldes steht. Humboldteiche hat man den mächtigen Baum genannt. Aber das ist nicht der Name einer Art, die Alexander wie so vieles entdeckt haben könnte. Es ist eher der »Familienbaum«, der mit seinen jahrhundertealten Ästen einige Generationen im Schloßpark Tegel beschattet hat.

Jetzt, im September, ist die sanft geneigte Wiese bis hinab zu der roten Porphyrsäule am westlichen Waldrand überhaucht vom zarten Rosa des Klees. Und immer wieder, während wir unseren Weg fortsetzen, sehen wir aus dem Gräsermeer die weißbraunen Kappen stattlicher Parasolpilze ragen.

Am Ende der langen, schmalen Wiese, finden wir sie alle unter der roten Säule versammelt, alle Humboldts, die seit dem Jahre 1829 gestorben sind. Das ist das Todesjahr der Karoline von Humboldt gewesen. Schinkel ist der Schöpfer dieses Erbbegräbnisses mit der ionischen Säule, auf der die von Thorvaldsen geschaffene Göttin Spes (Hoffnung) die Flügel ausbreitet. Eingefriedet von einem gußeisernen Zaun finden wir die schlichten Namenstafeln darunter, lesen auch den Namen Alexanders. »Meine Frau«, hat sein Bruder Wilhelm über den Platz geschrieben, »hat in Tegel im Garten begraben sein wollen; sie hat den Fleck bezeichnet, wo eine Eiche unter Tannen steht, und hat so menschlich, als wollte sie bei uns bleiben, hinzugefügt: Da sieht man das Haus.«

»Da sieht man das Haus«! Das weiße Schlößchen mit den charakteristischen Ecktürmen erhebt sich am gegenüberliegenden Ende der langen Wiese, über der jetzt, am Abend, ein feiner Nebelschleier liegt: »Um mein Haus unmittelbar herum«, hat Wilhelm von Humboldt die Szenerie geschildert, »sind schöne alte, doch noch in voller Kraft stehende Bäume in bedeutender Menge, und will ich weitergehen, so habe ich dicht hinter meinem Park einen großen, dem König gehörenden Wald. Die Bäume haben darin etwas so Schönes und Anziehendes auch für die Phantasie, daß, da sie ihren Ort nicht verändern können, sie Zeugen aller Veränderungen sind, die in einer Gegend vorgehen, und da einige ein überaus hohes Alter erreichen, so gleichen sie darin geschichtlichen Monumenten, und haben doch ein Leben, sind doch wie wir entstehend und vergehend.«

»Mutter Dossen«, 800 Jahre alt

»Zeuge aller Veränderungen«, der jung gewesen, als Berlin noch nicht einmal eine Idee gewesen ist, ist ein Baum am Rande des Landschaftsgartens. Man muß sich durch ein mückenreiches Gehölz in einer sumpfigen Niederung hinter dem Grabmal schlagen, um »Mutter Dossen« oder auch die »Dicke Marie« zu erreichen. Fünf Leute müssen, wollen sie den Stamm umfangen, ihre Arme ausbreiten! Einige Jahrhunderte hindurch hat die Eiche unter dem Schutz der Humboldts gestanden, heute sperrt ein Zaun sie unmittelbar an der Grundstücksgrenze aus.

Die Eiche hat dennoch alle Schicksalsstürme überstanden. Ihre Krone erscheint verstümmelt. und manche ihrer von Wucherungen übersäten Äste sind nur noch zum Teil begrünt. Aber es sieht noch immer unerschütterlich aus, dieses älteste Naturdenkmal Berlins.

Auf dem Rückweg zum Schloß nehmen wir den an Fußangeln reichen Weg am Saum des Waldhanges, der noch ein Weinberg gewesen ist, als der Major Alexander Georg von Humboldt 1766 durch seine Heirat mit der Witwe des Friedrich von Holwede an das Gut kam. Er ließ die kränkelnde Maulbeerplantage vor dem Schloß in einen Acker umwandeln und den Weinberg mit Bäumen bepflanzen. Die herrliche Lindenallee ist erst 1792 angepflanzt worden.

Alexander und Wilhelm von Humboldt haben später unter Anleitung ihrer Hauslehrer Joachim Campe und Johann Christian Kunth noch manchen Baum gesetzt und so ihren schöpferischen Anteil an dem Wald, den wir heute sehen. Kunth, der viele Pflanzen der botanischen Ausbeute Alexanders später wissenschaftlich bearbeitete, liegt in diesem Wald begraben.

Obwohl dem Landschaftsgarten die »Spitze« an der Malche abgeschnitten worden ist, der »Tempelberg« mit dem einstmals weiten Ausblick bis Charlottenburg und Kreuzberg nicht mehr zum Gut gehört, auch die Halbinsel Reiherwerder und einige Inseln im Tegeler See die Besitzer wechselten, hat man den Kern des Landschaftsgartens bewahren können. Es ist ein Glück, daß sich die Nachfahren Wilhelm und Alexander von Humboldts dem Geist des großen Bruderpaares verpflichtet fühlten und die Natur in der Umgebung ihrer Gräber geschützt blieb.

Baumsammlungen auf Scharfenberg und Reiherwerder

Das Gebiet der Familie Humboldt ist ursprünglich um einige landschaftliche Kostbarkeiten im und am Tegeler See reicher gewesen. So haben die Inseln Scharfenberg, Baum-, Lind- und Reiherwerder dazugehört.

Von der Insel Scharfenberg hat sich Wilhelm von Humboldt schon im Jahre 1831 getrennt. Sie kam dann über dessen Kammerdiener Sandrock und den Landwirt Krause im Jahre 1867 an den Dr. Carl Bolle. Dieser Naturwissenschaftler, der ebenso leidenschaftlich wie vergeblich für ein Arboretum, eine Baumsammlung, im Treptower

Unterhalb des Victoria-amazonica-Hauses im Botanischen Garten erstreckt sich der Italienische Garten

Park eingetreten war, verwirklichte nun auf seiner Insel den Plan. Er konnte wagen, auch Bäume südlicher gemäßigter Zonen anzupflanzen, weil auf Scharfenberg die Temperaturen immer etwas höher lagen als irgendwo sonst in Berlin. In dem besonderen Kleinklima gediehen bald 725 Arten.

Der Schau- und Lehrwald war leider nicht von Dauer; denn Bolles Neffe fühlte sich seinem Erbe nicht verpflichtet und verkaufte die Insel zum Preise von 800 000 Mark an die Stadt. 1922 dann begann Studienrat Wilhelm Blume hier sein Projekt »Schulfarm« mit der besonderen Pflege praktischer Fächer wie Gartenbau und Landwirtschaft. Das Arboretum Bolles ist über die lobenswerte Einrichtung freilich nicht zu neuen Ehren gekommen. Baumfreunde können dort aber immer noch mächtige Douglasien, Hemlockstannen und Sumpfzypressen bewundern.

Das gilt auch für das zweite Stück Land aus ehemals Humboldt'schem Besitz, den Reiherwerder. Ernst von Borsig, der die Insel 1898 kaufte und sie mit einer aufgeschütteten Landverbindung zur Halbinsel machte, ist auch ein großer Baumsammler gewesen. In dem herrlichen Park um seine Villa hat er solche Kostbarkeiten wie den Amerikanischen Tulpenbaum, Silberahorn, Gelbholz, Zypressen, Silberlinde und andere Arten pflanzen lassen, dazu über 200 seltene Straucharten, die den Uferweg abschirmen. Die Deutsche Stiftung für Internationale Entwicklung, die heute auf Reiherwerder Hausherr ist, nimmt das »Baum-Museum« wie selbstverständlich und ohne besondere Aufmerksamkeit hin.

Wo der hohe Hausherr die Begegnung mit dem Volk sucht

Der Schloßpark Bellevue und der Englische Garten gehören zum Gelände des Tiergartens. Die Geschichte dieser Anlage beginnt mit dem Jahre 1717, als Friedrich Wilhelm I. dem Jean Bechier Fayé dort elf Morgen und hundert Quadratruten überließ, der »Maulbeeren... plantzen« sollte. Er riet dem Franzosen, »um Ihre Plantage Gräben aufzuwerfen und selbige oben auf mit Dornen und anderem Buschwerk« zu bepflanzen und »mit der Zeit eine lebende Hecke zu gewinnen«. Der Erwerber war trotz guten Rates, der dem Sandboden Rechnung trug, doch nicht erfolgreich und verkaufte. Nach wechselnden Besitzern ersteigerte 1746 Georg Wenzeslaus von Knobelsdorff »die Meierei« für 1305 Taler. Welchen Glücksgriff er hier tat, läßt uns ein beschwingter Text erahnen: »Dorthin wallte der Strom durch Wiesen und dämmernde Haine, stets mit Schwänen bedeckt, mit Gondeln und Masten der Schiffe...«

Knobelsdorff war bescheiden. Er baute sich ein schmuckloses Landhaus. »Bellevue« hieß der Park erst seit 1785 wegen des offenen Spreeblicks, als Prinz Ferdinand das nach weiterem, vielfachem Besitzerwechsel inzwischen 20 000 Taler teure Gelände erwarb, hier sein dreiflügeliges Schloß bauen und einen Park anlegen ließ, der großzügige Durchblicke gewährte.

Der »Familienauslauf« des Prinzen war insgesamt im Stile »eines sentimentalen Parkes« angelegt, und »die meisten Ausstattungsstücke..., wie zum Beispiel Tempel, Kapellen, Brücken, Gedenksteine und Borkenhütten ... wurden fast immer aus ursprünglichem Material hergestellt, daß sie nur wenige Jahrzehnte überdauerten«, lesen wir bei dem Gartenhistoriker Folkwin Wendland.

Von all dem Plunder entrümpelt und zu einem Landschaftsgarten umgewandelt wurde der Park erst im Jahre 1843, als ihn Friedrich Wilhelm IV. für die Krone erwarb. Jetzt wurde er auch für Besucher geöffnet. Man errichtete eine »russische« Eisrutschbahn, und im Schloß legte man den Grundstock für eine Bildergalerie.

Die Landschaft hat in den folgenden Jahrzehnten vielerlei Deformierungen hinnehmen müssen. An der Peripherie des Parkes, am jenseitigen Ufer der eingemauerten Spree, drängten sich Lagerhäuser und Fabrikgebäude. An der »Brückenallee« zur Spree in Richtung Moabit verstellten bald mächtige Mietshäuser den Blick. Im Nordwesten schnitt die neue Stadtbahn ein Stück von der Anlage ab. Die Kronprinzessin Victoria ließ dann in den 80er Jahren Teiche und Gräben zuschütten, weil sie glaubte, von diesen würden »fieberhafte Erkrankungen« ausgehen.

Impulse, von denen Besucher heute profitieren, brachte das Jahr 1951. Was die unruhigen Jahrzehnte davor betrifft, so müssen wir dankbar sein, daß sie der Anlage nicht mehr geschadet haben. Zwar fielen im II. Weltkrieg die Bomben hageldicht, doch bewahrte eine Umzäunung die Parkbäume vor den Äxten und Sägen frierender Berliner.

Bei der Renovierung des Süd- und Westteils konnte man also an Vorhandenes anknüpfen. Die Engländer stifteten der Stadt Pflanzen für den Teil, den wir als »Englischen Garten« bezeichnen, ohne damit freilich den charakteristischen Landschaftsgarten zu meinen. Da wurde nun ein neuer, stattlicher Teich geschaffen, dessen Ufer man mit Stauden und Steinpflanzen schmückte. Ein reetgedecktes Parkhaus wurde auf der östlichen Seite errichtet. Die Engländer stifteten auch den Grundstock für den Rosengarten, der sich zum Großen Stern hin ausdehnt.

Das halbzerstörte Schloß wurde vom Jahre 1954 an wiederaufgebaut. Einher damit ging die Neuanlage seiner unmittelbaren Umgebung in moderner Weise durch den Gartenarchitekten Besserer. Die große Wiese vor dem Schloß ist belastbar. Das muß sie auch sein, wenn der hohe Hausherr, der Bundespräsident, gelegentlich ein Fest veranstaltet und die Begegnung mit ausgewähltem Volke sucht.

Auf Safari nach Friedrichsfelde

In der Reihe der Parks und Gärten, die nicht von Anfang an für das Volk, sondern für königliche oder adlige Besitzer angelegt worden sind, besuchen wir zuletzt den Tierpark Friedrichsfelde im Osten der Stadt.

Eine ganztägige Safari müßte drei Etappen haben. Die erste sollte bis zum Terrassencafé führen, die zweite zum Lennétempel, die dritte zur Cafeteria. Nur so wird der Besucher das »Unternehmen Friedrichsfelde« bestehen, ohne sich wunde Füße einzuhandeln. Und er muß früh aufstehen. Besser freilich, man macht sich ein Exkursionsprogramm für mehrere Tage; denn diese über 165 Hektar umfassende Anlage ist kein Zoo im üblichen Sinne. Viele Gehege sind so groß, daß sich die Tiere hinter Büsche, Hecken und Bäume zurückziehen oder gemächlich zur Mitte einer gewaltigen Weide wandern können – und dann sind sie nur noch ein Punkt in der Landschaft.

Wir beginnen den Weg vom Schloß Friedrichsfelde aus und wandern die über einen Kilometer lange Parkachse entlang, die von Blumenteppichen und pagodenartigen Papageienkäfigen gesäumt ist. Ein breiter, überbrückter Quergraben, der von Pelikanen bevölkert wird, markiert einen neuen Abschnitt. Wir treten in ein Waldstück ein, in dem der Davidshirsch wohnt. Bald stehen wir am Rande einer Freisichtanlage mit über 350 Jahre alten Eichen, zwischen denen Wisente stehen. Die Waldaue geht in eine weite Büffelweide über, auf der eine stattliche Herde Bisons das kurze Gras des Sommers rupft. »Indianerbüffel«, die auf ihren Wanderungen sogar Ströme wie den oberen Missouri überwinden könnten, machen hier halt vor einer Pfütze: Die mächtigen Tiere haben »gelernt«, daß innerhalb der Anlage Ruhe und Frieden herrschen und alle Gefahren jenseits der Gehegegrenze liegen. Die mächtige Büffelweide hat man gegenüber den Besucherwegen etwa um einen halben Meter angehoben, so daß die trennenden Gräben nicht eingesehen werden können und das Bild eines Tierpanoramas entsteht.

Nicht weit von der »Prärie« entfernt türmt sich eine felsige Urlandschaft aus rotem Porphyrgestein auf. Krüppelkiefern klammern sich an den Rand der steil abstürzenden Felswände. Auf einer schmalen Brücke über der klaffenden Bärenschlucht verspürt man den Wind des Abenteuers, schaut man auf die in der Tiefe umherstreichenden Tiere.

In der Nachbarschaft der schwarzen Kragenbären und der Baribals hausen Eisbären auf einem Plateau am Fuße eines Felsrundes mit Höhlen, Gängen und Vorsprüngen. Ein Wasserfall stürzt aus der Wand in ein Becken mit über 2000 Kubikmetern Wasser. Es gewährt den Eisbären eine Schwimmbahn von 80 Metern Länge. Dieses eindrucksvolle Stück nachgebauter Natur wurde aus den Bombentrümmern der ehemaligen Reichsbank realisiert.

Auf unserem weiteren Weg reihen sich immer neue, großzügig gestaltete Landschaften aneinander: Da sind die Lagune der Flamingos, die Stelzvogel-Wiese, die Ebene der Kamele, Dromedare und Marabus, ein Wolfswald und eine Freisichtanlage für Luchse, Bellhirsche und für Lamas zu besichtigen.

»Flugplatz« der Greife

Zu den eindrucksvollen tiergärtnerischen Leistungen gehört ein »Greifvogel-Flugplatz« hinter der Osthalle des Alfred-Brehm-Hauses. 80 große Greif- und Aasvögel sind hier auf einer Grundfläche von 1200 Quadratmetern versammelt. Die mächtige Voliere wird von einem neun Meter hohen Maschenhimmel überspannt, der durch Stahltrossen an einer Tragekonstruktion außerhalb des Flugraumes aufgehängt ist und so das freie Gleiten nicht behindert. Die Rückwand der Voliere ist aus Lausitzer Granitgestein. Sitzklippen und Nisthöhlen, eine künstliche Quelle mit Zulauf zu einem Teich und beheizte Futterplatten gehören zum Komfort.

Der Tierpark Friedrichsfelde, an dessen Aufbau sich die Ost-Berliner mit Hunderttausenden freiwilliger Arbeitsstunden beteiligten, nimmt den Platz des ehemaligen Gartens und Parks Friedrichsfelde ein. Am 27. April 1954 erhielt der Tiergärtner Heinrich Dathe hier, am Rande der Großstadt, die Chance eines völligen Neubeginns. Er mußte nicht – wie in West-Berlin – einen über Jahrzehnte gewachsenen, bedrängten Zoo inmitten der City verwalten, war aber auch mutig genug, ausgefahrene Gleise zu meiden: »So stellen wir uns die zoologischen Gärten der Zukunft vor«, schrieb ihm bei einem Besuch eine »neutrale« Schweizer Kollegin ins Friedrichsfelder Gästebuch.

Dathe hat sich auch erfolgreich gegen den Abriß des Schlosses Friedrichsfelde gewandt, das vom Jahre 1972 zögernd durch das Institut für Denkmalpflege restauriert worden ist. Es wurde gegen Ende des 17. Jahrhunderts für den Holländer Benjamin Raule errichtet, der dem Großen Kurfürsten in »Seesachen« zur Seite stand. Erweitert hat es dann Martin H. Böhme im Jahre 1719 für den Markgrafen Albrecht Friedrich. Der ausgedehnte Park, der zu Raules Zeiten ein Barockgarten holländischer Prägung mit Kanälen war, im 19. Jahrhundert unter Lennés Hand zu einem großen Landschaftsgarten modelliert wurde, hat sich gewandelt. Diese Entwicklung ist nicht mehr zu ändern, doch wünschen sich Gartenkenner vor der Süd- und Nordfront des Schlosses die Rückkehr zum alten Barockgarten.

Wo Wissenschaft das Gartenbild bestimmen soll

Zehn Kilometer vom Berliner Stadtzentrum entfernt, an der Straße nach Potsdam, lag ein ausgedehnter Acker, der von einem der harmlosen »Berge« Berlins sanft über Hügel und Mulden zur Ebene hin abfiel. Wer einem nüchternen Kopf beim Anblick dieser Fläche erzählt hätte, sie werde eines Tages von einer Pflanzendecke überzogen sein, die man sonst nur an den himmelstürmenden Bergriesen des Himalaya finde, hätte ihn gewiß überfordert.

Alle Phantasie mußten wohl auch Fachleute aufbieten, wollten sie sich auf diesem baumlosen Gelände dichten europäischen Wald oder eine Traum-Baumsammlung vorstellen. Aber an der Straße nach Potsdam waren ja schon andere Parkwunder Wirklichkeit geworden ...

Im Botanischen Garten von Schöneberg, den die Häuserflut inzwischen eingeholt hatte, wirkte im Jahre 1880 ein Mann, vor dessen Augen sich das Stück Mergelboden in Dahlem schon in das Pflanzenparadies von morgen verwandelt hatte: Ignatz Urban hatte in seiner Freizeit manchmal auf dem Steglitzer Fichtenberg gestanden, hatte vom 60 Meter hohen Hügel hinab über das Gelände geblickt, in dessen Mulden im abendlichen Licht ein paar Teiche blinkten. Er hatte auch mit Professor Althoff, der als Abteilungsleiter im Preußischen Kultusministerium saß, über das Gelände gesprochen. Die 42 Hektar, die zur Domäne Dahlem gehörten, erschienen beiden Männern als recht geeignet für eine Erweiterung des Gartens. Sie gehörten dem Staat Preußen und wurden von einem Domänenpächter bewirtschaftet.

Als nun im Jahre 1889 Adolf Engler als Leiter des Botanischen Gartens von Breslau nach Berlin berufen wurde, wollte er nichts von Verlegungsplänen nach Dahlem hören. Er baute in Schöneberg während seines ersten Amtsjahres intensiv weiter an einer schon begonnenen Alpenlandschaft, die – nach Innsbrucker Vorbild – Pflanzen und Gestein eines bestimmten Gebirgslebensraums wiedergeben sollte. Die Dinge entwickelten indessen eine Dynamik, die Englers Bedenken bald hinwegfegen sollten.

Im Jahre 1891 wurde am Garten die »Botanische Centralstelle für die Colonien« eingerichtet. Von dieser Zentralstelle verlangte man nun Forschungsarbeiten an tropischen Pflanzen aus den nach 1871 erworbenen Kolonien. Dafür erwies sich der alte Schauplatz einfach als zu klein, und die Suche nach einem großen Gelände endete schließlich in Dahlem. Im Jahre 1897 verabschiedete der Preußische Landtag das Gesetz, das die Finanzierung des Projektes eines Botanischen Gartens sicherte. Auf dem steinigen Weg zu diesem Ziel hatte Geheimrat Althoff manchen schweren Brocken beiseitegeräumt.

Bis zum Jahre 1899 war der Boden in Dahlem so weit vorbereitet, daß der große Exodus der Pflanzen aus Schöneberg beginnen konnte. Das galt jedoch nicht für alle Gewächse. Die Berliner und besonders die Schöneberger setzten nämlich die Erhaltung des alten Geländes als Park durch. Was wir heute als Kleistpark kennen, ist allerdings nur noch ein Fragment davon. Wir können uns vorstellen, was der »Umzug« eines Gartens zum Beginn des 20. Jahrhunderts an Mühsal, an technischen Problemen und Zeitaufwand mit sich brachte. Pferdestärken wurden immer noch vorwiegend an der Zahl der Pferde gemessen, die im Gespann gingen. So zogen acht bis zehn Pferde zwei aneinandergehängte Wagen, auf denen zum Teil über 50 Jahre alte Bäume nach Dahlem transportiert wurden. Alte Baumriesen auszugraben, einzurüsten, aufzuladen und wieder einzupflanzen, war damals noch Muskelarbeit.

Unter den vielen stattlichen Pflanzen, die nach Dahlem gingen, waren auch einige Berühmtheiten: Die Palme Chamaerop humilis aus der Zeit von Gleditsch und einige Eiben aus kurfürstlichen Tagen gehörten dazu! Eine davon behauptet noch heute ihre altersknorrigen Äste gegen Wind und Wetter.

Adolf Engler realisierte den Aufbau des Botanischen Gartens schwerpunktartig nach pflanzengeographischen Grundsätzen. Dieses Konzept hat heute noch weithin Gültigkeit und ist daher für uns erlebbar. Zwölf Jahre wirkten Männer wie Graebner, Koerner, Perring, Ledien und viele andere daran mit.

Im Jahre 1903 konnte man schon einen Teil des Freigeländes besuchen. Vier Jahre später stand die kühne Stahl-Glas-Konstruktion des Großen Tropenhauses mit den flankierenden Gewächshäusern. Insgesamt 8000 Quadratmeter wurden überglast. Beim Großen Tropenhaus allein wurde der Stahl-Glas-Bogen über 1728 Quadratmeter geschlagen. Es wurde zum Wahrzeichen des Gartens.

Das neue Botanische Museum an der Nordflanke des Geländes wurde bis zum Jahre 1906 errichtet: Schauräume, Bibliothek und das Herbarium, Labors, Hörsaal und Verwaltungsräume waren in dem dreigeschossigen Baukomplex großzügig untergebracht.

25. Mai 1910: 70 Gelehrte aus aller Welt, Teilnehmer am Internationalen Botaniker-Kongreß, reisten aus Brüssel an, um die feierliche Eröffnung des neuen Botanischen Gartens zu erleben. Viele der Gäste hatten den Aufbau des Gartens mit Pflanzengeschenken unterstützt.

Die folgenden vier Jahre brachten dem Garten eine glückliche Entwicklung. Da gab es den regen Austausch mit den Kolonien, die neues Pflanzgut schickten und deren Versuchsgärten von Berlin aus mit Tausenden von Pflanzen beliefert wurden. Da war die intensive Zusammenarbeit mit Forschern wie Schweinfurth, Weberbauer, Ule und anderen, die auf ihren Expeditionen immer wieder Neuland betraten und dem Garten ihre Entdeckungen zur Verfügung stellten. Im Garten selbst wirkten unter Engler so hochbegabte Männer wie der Afrika-Kenner Georg Volkens, der Orchideenspezialist Rudolf Schlechter, der Tropen-Fachmann Johannes Mildbraed und andere. Besonders gepflegt wurde auch die Zusammenarbeit mit den Botanischen Gärten des Auslandes.

Einher mit all diesen Fortschritten ging die Beliebtheit beim Berliner Publikum. Zehntausende Besucher im Garten waren an schönen Sonntagen keine Seltenheit. (Heute träumen manche, aber nicht alle der Verantwortlichen im Botanischen Garten von solch hohen Zahlen, die doch angesichts einer rundum verarmten Natur erreicht werden müßten.)

Nach all diesen Erfolgen wirkte sich der I. Weltkrieg um so härter auf den Garten aus. Der Krieg zerschnitt zuerst das Band zu den Kollegen der Wissenschaftler im nun feindlichen Ausland. Dann forderte er die ersten Opfer unter den Mitarbeitern Englers. Bald regierte auch der Mangel, zwang zu Einschränkungen und zur Aufgabe beheizter Kulturen, zu denen die berühmte Victoria amazonica gehörte. Und endlich nahm der I. Weltkrieg den Garten unerbittlich in seinen Dienst. Die Botaniker mußten sich der Begutachtung und Erforschung von Pflanzen widmen, die Roh- und Ersatzstoffe liefern konnten.

Hilfestellung in Ernährungsfragen

Ältere Leser erinnern sich vermutlich noch daran – wenn auch aus der Zeit des II. Weltkrieges –, was da alles in der Pfeife geraucht, als Tee gekocht, zu Seife, zu Bratöl oder magenfreundlicher Nahrung verarbeitet wurde. Sie erinnern sich an Sonnenblumen-, Goldregen- und Holunderöl, an Roßkastanien-Seife, an Brennesselsuppe, Meeresalgengemüse und Buchweizenbrot. Aus dem Botanischen Garten kamen auch Informationsblätter über genießbare und giftige Pilze. Aufklärung dieser Art war noch in den Notjahren nach dem Kriege wichtig, in denen sich viele Menschen auf ein Sammlerdasein zurückgeworfen sahen.

Nach dem Ende des I. Weltkrieges richtete sich Wilhelm II. komfortabel im holländischen Exil ein, und die Weichen der Politik wurden nach den langen von den Hohenzollern geprägten Jahrhunderten nun durch das Volk gestellt. Im Botanischen Garten galt es zunächst, Schäden zu beseitigen. Es dauerte ein paar Jahre, ehe der ermüdete Boden wieder, wo nötig, mit Nährstoffen angereichert war, umgepflanzte Gewächse an neuen Standorten gediehen und Lücken im Bestand geschlossen werden konnten. Adolf Engler brachte alle diese Dinge voran. Der für die Entwicklung des Gartens zur Weltgeltung so entscheidende Mann gründete sogar noch eine »Botanische Zentralstelle für Nutzpflanzen«, ehe er nach mehr als drei Jahrzehnten Tätigkeit in Berlin in den Ruhestand ging.

Das große Kartierungsunternehmen

Im Jahre 1921 wurde Ludwig Diels, der sich schon acht Jahre als Englers Stellvertreter bewährt hatte, Direktor. Diels war ein Pflanzensystematiker von Rang. Entsprechend setzte er nun die Akzente. Unter seiner Leitung machten sich die Wissenschaftler im Garten an die Sysiphos-Arbeit, alle Pflanzennamen nach dem neuesten Erkenntnisstand zu überprüfen und gegebenenfalls neu zu bestimmen. Das gehörte sozusagen zu den fälligen »Aufräumungsarbeiten«.

Gestartet wurde dann vom Botanischen Garten Berlin aus im Jahre 1922 das Unternehmen einer Kartierung der Pflanzengesellschaften in Deutschland auf der Basis des Deutschen Meßtischblattes im Maßstab 1:25 000. Die Standorte der Pflanzengesellschaften wurden auf Pauspapier mit Netzeinteilung gekennzeichnet, und dazu wurden entsprechende Katalogblätter geführt. Alle deutschen Botaniker waren zur Mitarbeit aufgerufen! Binnen acht Jahren hatte Diels Mitarbeiter Johannes Mattfeld 21 500 Katalogblätter, zusammengetragen von 700 Botanikern, in den Händen. Mattfelds Nachfolger Mattick konnte das Ergebnis bis zum Jahre 1941 auf 74 528 Blätter von insgesamt 1435 Einsendern steigern.

Die Erforschung der Tropenflora, die unter Johannes Mildbraed eine besondere Spezialität des Gartens geworden war, erhielt durch ihn neue Impulse. Zusammen mit dem Botaniker Reimers unternahm er 1928 eine Forschungsreise nach Kamerun. Die Pflanzen, die beide dort sammelten, bereicherten das schon aus Humboldts und Willdenows Tagen stattliche Herbar. In den folgenden Jahren gewann das Institut auch durch Hans-Joachim Schlieben und Walter Domke, der 1939 rund 1000 lebende und 1500 getrocknete Wildpflanzen sowie 400 Bodenproben aus Kamerun mitgebracht hatte, seine führende Stellung in der deutschen Tropenforschung zurück. Pflanzen aus Südamerika und Südostasien wurden natürlich ebenfalls hier bearbeitet. Wie eng die Verbindungen des Gartens mit dem Publikum damals waren, zeigt unter anderem die Tatsache, daß hier unter Erich Werdermann eine »Hauptstelle für Kakteen und Sukkulenten« existierte. In ihr hatten Wissenschaftler und Laien ein Institut, das nicht nur wie sie selbst sammelte, sondern zugleich Bestimmungsexperten und Ratgeber zur Verfügung stellte.

Als Deutschland im September 1939 den Brand des II. Weltkrieges legte, erfaßten die Flammen diesmal auch die Häuser des Brandstifters, die ja im I. Weltkrieg verschont geblieben waren. Zu ihren Opfern gehörte auch der Botanische Garten: »Am Abend des

1. März 1943 wurde um 9.40 Uhr Alarm gegeben. Es erfolgte ein schwerer Fliegerangriff auf Dahlem. Etwa eine halbe Stunde später riß eine große Sprengbombe einen Trichter zwischen dem Pharmazeutischen Institut und der Nordost-Ecke des Botanischen Museums auf... Unmittelbar nach der ersten Sprengbombe fiel eine zweite auf das Dach des Herbarflügels, durchschlug dieses und setzte das Herbar in Brand. Zugleich fiel eine Anzahl von Phosphorkanistern. Das Feuer verbreitete sich bei dem starken Winde, der in der Nacht herrschte, sehr schnell. Das ganze Herbar war bald vom Feuer ergriffen, und der Brand ging auf die Bibliothek über. Beide wurden völlig vernichtet. Vom Winde getrieben, griff das Feuer auf den Mittelbau des Museums nach Norden über. Die Arbeitszimmer der wissenschaftlichen Beamten und der Arbeitssaal im 1. Stock brannten völlig aus, so daß weiterhin die wertvollen privaten Bücher und alles in den Räumen befindliche Museumsmaterial, Herbarien, Instrumente usw. vernichtet wurden...

Nach einigen Stunden war die Tragödie beendet. Das Feuer, das weithin leuchtend Qualm und Hitze verbreitet hatte, erlosch in der naßkalten Vorfrühlingsnacht. Schwarz starrten die Mauern des ausgebrannten Gebäudes in den Nachthimmel. Der trübe Morgen enthüllte den ganzen Umfang der Verwüstungen. Vom Herbarflügel und den Obergeschossen des Mittelbaues standen nur noch rauchgeschwärzte Wände unter den zusammengebrochenen Dächern. Die Nordost-Ecke war unter der Wirkung der Sprengbombe vollständig eingestürzt...«

So schilderte Robert Pilger, Zweiter Direktor des Gartens, die Katastrophe. Von ihr sollte sich das Institut nicht wieder erholen, auch wenn sich Mauern neu errichten ließen. Wie sollte ein in nahezu 300 Jahren zusammengetragenes Herbar, das die Typenexemplare auch von vielen inzwischen ausgestorbenen Pflanzen enthielt, wieder auf den alten, hohen Stand gebracht werden? Wie sollte man eine Bibliothek aus gut 80 000, zum Teil sehr alten Bänden und 200 000 Sonderdrucken wieder neu zusammenstellen? Auch die Kartierung war verbrannt.

Unter seiner Verantwortung für diese Verluste litt Ludwig Diels so sehr, daß er das Kriegsende nur wenige Monate überlebte. Es hatte ja nicht an warnenden Stimmen gefehlt, die eine Auslagerung der unersetzlichen Werte empfohlen hatten, nicht nur, wie es geschehen war, die unzureichende Räumung des Dachgeschosses.

Als im Herbst 1943 ein Hagel von Sprengbomben allzu nahe bei den Gewächshäusern niederging, barsten die Glaswände, und die tropischen Pflanzen starben in der Kälte. In der Endphase des Krieges wurde der Garten auch noch zum Gefechtsfeld.

Neubeginn als Gemüsegarten

Der Neubeginn unter Pilger kam spät. Der Garten hatte zwar schon nach ersten Aufräumungsarbeiten wieder der Entspannung der schwergeprüften Bevölkerung gedient, auch ein paar notdürftig abgedichtete Museumsräume für Besucher geöffnet, doch der Anblick der Gemüsefelder, die man auf amerikanischen Befehl bis zum Ende der Blockade im Jahre 1948 unterhielt, war wenig erbaulich, erweckte eher Hungergefühle. Ende 1949 dann ergoß sich der Segen des Marshall-Planes auch über den teils zweckentfremdeten, teils an Pflanzen verarmten Botanischen Garten.

Die erste Phase des Wiederaufbaus galt der Neubepflanzung des Freilandes und der Systematischen Abteilung. Von den Gewächshäusern konnte als erstes das Haus der Victoria amazonica wiedereröffnet werden. (Das kleine Tropenhaus war schon 1948 wieder hergerichtet worden.)

Unter Erich Werdermann schritt dann von 1951 bis 1958 der Aufbau des Museums voran, dessen Westflügel samt Hörsaal 1959 neu ausgebaut waren. Außerdem fielen in seine Amtszeit die Reparatur der Anzuchthäuser und die Wiedererrichtung neuer Gewächshäuser.

Obwohl sich Deutschland unter dem Regime der Nationalsozialisten schlimm ins Unrecht gesetzt hatte, wurde die Bundesrepublik erstaunlich schnell wieder in die Völkergemeinschaft aufgenommen. Das kam auch der wissenschaftlichen Arbeit zugute. Im Botanischen Garten tauschte man wieder Pflanzen, Samen und Informationen mit den Kollegen in anderen Ländern aus. Auch Forschungsreisen wurden wieder aufgenommen, die erste bereits 1951 durch Fritz Mattick. Zu den bevorzugten Reisezielen gehörte für Jahre Togo. Forschungsziel dort war die Wildflora. Die Mitarbeiter des Gartens leisteten dem Land auch praktische Dienste beim Anbau von Nutzpflanzen.

Bei weiterem Auf- und Ausbau des Gartens war das Große Tropenhaus ein Meilenstein. Begonnen wurde damit in der Amtszeit Walter Domkes. Doch erst am 22. Mai 1968 konnte der kolossale Glasbau wiedereröffnet werden. 3,5 Millionen DM hatte der Wiederaufbau verschlungen. In den folgenden Jahren wurden alle Schauhäuser vollendet, das Victoria-amazonica-Haus um ein Haus für Sumpfpflanzen erweitert. Es dauerte bis 1976 – also noch die elfjährige Amtszeit des Direktors Theo Eckardt –, bis im Garten fast alle Schäden des Krieges beseitigt waren.

Den Ostflügel des Museums bis zur 750-Jahr-Feier Berlins wieder aufzubauen, wo Herbar und Bibliothek ihren Platz finden sollen, hat sich Werner Greuter zum Ziel gesetzt, der seit 1978 Direktor des Botanischen Gartens ist.

Und die Gegenwart? »Man kann durch Miniaturgebirge von den Pyrenäen über die Alpen und Karpaten, durch Balkan und Kaukasus bis zum Himalaya wandern oder durch die Steppenlandschaften Südafrikas, Australiens und des mexikanischen Hochlandes.« Was dem Leser in einem alten Reiseführer von Karl Baedeker eröffnet wird, ist immer noch – fast – wahr. Doch sind die 42 Hektar des Gartens, auf denen man 18 000 Pflanzenarten vermutet, auch einigem Wandel unterzogen worden. Viele Pflanzen mußten inzwischen neu bestimmt werden.

Doch Wandel ist immer noch notwendig! Das gilt für manches pflanzengeographische Areal, aus dem nicht zur Pflanzengesellschaft gehörende oder nicht einwandfrei zu identifizierende Pflanzen entfernt werden müssen. Das gilt für Bäume, die das Bild einer Landschaft, zu der sie nicht gehören, allzu sehr beschatten und damit verfälschen. Das gilt für die Systematische Abteilung, wo man von der sterilen Wegeführung zu den alten geschwungenen Pfaden zurückkehren sollte, wie sie bis zum Ende des II. Weltkrieges bestanden haben. Und das gilt vielleicht auch für das Große Tropenhaus mit seiner unbefriedigenden Bepflanzung. Der Bau könnte zu besonderen Gelegenheiten einen exotischen Rahmen für Vorträge und Feste abgeben. Für die eingesparte Energie könnte der Garten viele hundert Hektar echten tropischen Regenwaldes kaufen, vor der Abholzung bewahren und erforschen.

Parkanlagen durch das Volk und für das Volk

Wir haben die Parkanlagen besichtigt, die einst herrschaftlicher Erbauung dienten. Meist nicht so anspruchsvoll sind nun die Parks und Grünzüge, die »dem Volk« gewidmet wurden. Viele tragen schon den Namen Volkspark: Volkspark Rehberge, Volkspark Mariendorf, Volkspark Wilmersdorf, Volkspark Jungfernheide, Volkspark Hasenheide. Das Buch kann dem Leser und Betrachter nicht jeden gelungenen, großzügigen oder nur gutgemeinten Grünstreifen erschließen, weil sein Thema die landschaftlichen und geschichtlichen Besonderheiten sind, die einen Besuch auch dann rechtfertigen, wenn man in einem entfernt liegenden Stadtteil wohnt oder von auswärts kommt. Unter den innerstädtischen Parkanlagen hat da der Tiergarten Vorrang.

Als Lenné im Jahre 1840 die umfangreiche Arbeit der Neugestaltung abgeschlossen hatte, wurde der Park von den Menschen dankbar angenommen.

Der Parkschöpfer kannte seinen überaus sparsamen König und machte daher in einer Denkschrift klar, daß er keinen pflegeleichten Organismus gebaut hatte: »Die Reinigung der Gewässer von Wasserpflanzen und wuchernden Kräutern muß unausgesetzt bewerkstelligt werden, um bei dem geringen Gefälle den möglichst schnellen Abfluß zu sichern,« heißt es darin.

»Die alten Waldbestände ebensowohl wie die neuen Pflanzungen müssen in sorgfältiger Pflege stets geordnet erhalten, die abständigen verjüngt, die große Anzahl der neugepflanzten – besonders der zur Rekrutierung der Alleen angepflanzten starken Bäume – gut gepflegt und reichlich im Guß erhalten werden.

Die Rasenplätze, die den Hauptschmuck der Anlagen begründen, sind mit geringen Ausnahmen keine natürlichen Wiesen, der größte Teil ist auf sandigem Höheboden und im Schatten dichter Wald- und Hainmassen künstlich erzeugt. Diese können daher auch nur durch sorgfältige Pflege künstlich in ihrem Schmuck erhalten werden; neue Besamungen sind daher von Zeit zu Zeit erforderlich, die vorhandene Grasnarbe muß durch Übertragung geeigneter Erdarten und Dungstoffe genährt und erfrischt werden ...

Vor allem ... aber die zu Schmuck- und Blumenanlagen eingerichteten Plätze ... gewähren nur dann großen Genuß, wenn sie stets wohlgeordnet und in reicher Blumenfülle erhalten werden. Ein so geräumiger Park wie der Tiergarten es ist, würde ohne solche Schmuckplätze seinen vorzüglichsten Genuß, nämlich den der Mannigfaltigkeit und der Überraschung entbehren. Dergleichen Blumenanlagen erfordern aber auch große Vorsorge, viele Pflege und Mühe; sie erfordern tüchtige praktische Gärtner, welche solche feinen Kulturen anzuziehen eingeübt sind und mit Liebe zu pflegen wissen ...«

Die Verpflichtungen von damals sind auch die Verpflichtungen von heute. Den technischen Erleichterungen stehen heute höhere Belastungen als damals gegenüber. Die Durchmischung der Anlagen, hier stille Oasen, dort belastbarer Rasen, erscheint ausgewogen. Leider sind die jüngeren Besucher gerade in diesem Park zu Ballspielen, Trimmläufen, Radtouren und großangelegten Picknicks besonders wild entschlossen.

Größter Zierbestand auf kleinem Raum

Zum großen Gelände des Tiergartens gehörte auch der Zoologische Garten. Auf dem Boden einer kränkelnden Fasanerie wurde er im August 1844 eröffnet. Friedrich Wilhelm IV. hatte dafür die Gelegenheit beim Schopf gepackt, die ihm lästige Menagerie auf der Pfaueninsel loszuwerden. Mit 15 000 Talern, die er für fünf Jahre zinsfrei als Darlehen gab, ermunterte er die Zoogründer. Lenné hat für den Garten die Pläne erarbeitet, und nach 1842 wurden von der

Berühmte Grabstätten auf dem Dorotheenstädtischen Friedhof in Ost-Berlin

Pfaueninsel ein Affenhaus, ein Bärenhaus, ein Wolfszwinger, ein Adlerhaus und ein Dachshaus samt Inhalt nach dem Tiergarten transportiert. Doch das von Professor Karl Lichtenstein und Alexander von Humboldt unterstützte Unternehmen Zoo stand unter keinem guten Stern. Zwanzig Jahre siechte es dahin: »Umgeben von stagnierenden Wassern, das seine Miasmen über den größten Teil des Tiergartens ausströmt, mußten die Vierfüßler trockner Zonen schon viel guten Willen und eine unverwüstliche Gesundheit mitbringen, um es in diesem Klima auszuhalten ...«, hieß es 1864 in einer Kritik.

Der Beobachter hatte Durchblick: »Es fehlt an Geld, sagt man entschuldigend, und so liegt denn bei uns überall der Hase im Pfeffer ... Während die Gärten ... von Hamburg, von Köln ... durch die geschmackvollsten Einrichtungen der Anlagen selbst das Möglichste leisten und namentlich der Kölner sich zu einem Musterinstitut herausgearbeitet hat, bleibt der unsrige eine halbe Wildnis, und kaum sieht man eine Spur von hübschen Gartenanlagen. Hühner, Enten und Gänse findet man auf jedem Bauernhof, in dieser Kultur aber leisten wir Bemerkenswertes. Wir sind immer Weltstadt, soweit es kein Geld kostet.«

Der so vom Leder zog, hieß Krieger. Mit der Zeit kam Geld. Im Jahre 1869 setzte sich der preußische Finanzminister von der Heydt energisch für den Zoo ein, und aus Köln wurde als erster fähiger Direktor Heinrich Bodinus nach Berlin verpflichtet. Über die Jahrzehnte wuchs der Tierbestand. Der Geschmack der Zeit stellte Bisons unter Totempfähle, Antilopen in den Schatten einer arabischen Moschee. Zu exotischen Tieren gehörten exotische Einstände. Den Berlinern gefiel das. Man legte sich nicht die Frage vor, wie es denn wäre, wenn ein arabischer Zoo Rothirsche in einer Kirche ausstellte. Etwas Besonderes aber ging immer mehr verloren: der landschaftsgärtnerische Reiz.

Auch an diesem Stück gebauter Natur hatte ja Lenné gewirkt. Folkwin Wendland hat seine Pläne studiert: »Der Haupteingang befand sich im Gegensatz zu heute im Zug der Fasanerieallee, die jetzt ein Rondell unterbrach. Die vorhandene Allee blieb innerhalb des Gartens bestehen und endete erst auf einem Vorplatz des Verwaltungsgebäudes an der Südostgrenze, der späteren Budapester Straße. Ein großer Rundweg mit wenigen übersichtlich geführten Nebenwegen beschloß den Zoo, der ganz als Landschaftspark mit den zwanglos eingestreuten Tiergehegen gestaltet war.«

Die Ausführung des Planes fand vor den Augen Kriegers keine Gnade: »Die allgemeine Nachahmung des Vorbildes Paris«, schimpfte er, »hat in Berlin eine Art Jardin des plantes hervorgerufen, aber auch hierbei hat die herrschende Gesellschaft wiederum das Volk ausgeschlossen. Herr Professor Lichtenstein läßt für den Besuch ... fünf Silbergroschen erheben, was natürlich den Ärmeren die Möglichkeit benimmt, diese der ›öffentlichen Belehrung‹ gewidmete Anlage zu besuchen. So wie die Anlage schon hierin ihrem Pariser Vorbild zurücksteht, wo jedem der Eintritt unentgeltlich gestattet ist, so ist sie jedoch weit mehr in der Ausführung zurückgeblieben. In dem großen Park kann man sehr bedeutende Strecken weit wandern, bevor man an einen neuen Behälter kommt ... Die erbärmliche Menagerie eines auf den Jahrmärkten der Provinz umherziehenden Marktschreiers ist besser als diese öffentliche Anlage ...«

Heute rühmt sich der Zoo des größten Tierbestandes des Welt, obwohl das Gelände nicht mitgewachsen ist. Der ehemalige Landschaftspark ist nur noch in Rudimenten zu entdecken: »Zwar behielt man«, wie Wendland feststellte, »den Lennéschen Rundweg mit Abweichungen bei, jedoch machen die zahlreichen Nebenwege den Garten heute noch sehr unübersichtlich. Man vermißt die große Linie und Übersicht. Der Besucher wird durch die Wege nicht geführt, sondern eher zufällig geleitet. Der Betonung des Eingangs an der Budapester Straße durch eine aufwendige Promenade ... fehlt die konsequente Durchbildung als Gesamtachse für den ganzen Garten. Leider ist dieser Zustand ... nicht behoben worden. Wahrscheinlich wurde die Unübersichtlichkeit noch dadurch gefördert, daß sich der Raum als sehr beschränkt erwies ... Die gärtnerische Anlage sank daher mehr zum schmückenden Beiwerk herab ...«

Durch einen schwungvollen Brückenschlag über den Landwehrkanal wird der Zoo 2,7 Hektar im Tiergarten hinzugewinnen. Die Fläche ist zu bescheiden, um im alten Gelände eine nennenswerte Entflechtung herbeizuführen. Aber ein Stück von Lennés alter Konzeption kommt wieder zu Ehren. Die Fasanerieallee, die vom Großen Stern als Achse in Richtung Zoo verlief, nach 1945 abgeholzt und inzwischen wieder mit Bäumen bepflanzt worden ist, führt dann über die neue Brücke des Landwehrkanals und setzt sich – wie einst von Lenné gedacht – im Zoo fort.

Der Kreuzberg von Kreuzberg

»Ich bestieg sogar nicht ohne Anstrenung in dem heißen tiefen Sande den Kreuzberg, welcher nach genauen Messungen 176 Fuß über der Meeresfläche liegen soll; ich übersah hier die sich in trostloser Gegend weit ausdehnende Stadt mit wenigen geschmacklosen Türmen.«

Der Besucher, der sich so ungnädig über den Kreuzberg an der Großbeerenstraße äußerte, der heute zu den wenigen grünen Zielen der Kreuberger gehört, war ein gewisser Freiherr von Andlaw. Was hätte er, der aus einem der Heimatländer des Weinbaus stammt, wohl erst zu dem »Blancken Weine« gesagt, den man als Produkt der Kreuzberger Hänge verkosten konnte? Glassbrenners »Berliner Weinkarte« läßt keinen Zweifel, daß er eine Tortur für den Magen gewesen ist. Er witzelte über den »Fahnen-Wein«: »Wenn man een eenziges Achtel über die Fahne jießt, so zieht sich det janze Rejiment zusamm'.«

Als Andlaw im Jahre 1842 also die höchste natürliche Erhebung in diesem Teil der Stadt bestieg, stand auf der Höhe schon seit 21 Jahren aus eisernem Guß das 2300 Zentner schwere, von Schinkel als gotische Fiale entworfene Denkmal der Befreiungskriege. Wein baute man an den Hängen schon seit den Tagen des Grauen Klosters an, also seit nahezu vier Jahrhunderten. Die Hohenzollern dann lösten sich von dem kränkelnden Geschäft und vergaben es an die Weinmeisterfamilie Götze.

Die Götzes hatte die Spitze des Berges schon 1813 für eine Verteidigungsschanze räumen müssen und dann – Napoleon war besiegt – 1818 an die Finanzbehörde für jenes Denkmal verkauft, das dort heute steht. Mit seinem Eisernen Kreuz sollte es an die Freiheitskriege erinnern.

Den Namen Kreuzberg legte eine Kabinettsordre fest. Es dauerte dann fast ein Dreivierteljahrhundert, ehe nach Lennés letzten Entwürfen die Umgebung des Denkmals und die Zufahrten begrünt wurden. Erst lange nach Lennés Tod genehmigten die Stadtväter die von einem seiner Schüler, Hermann Mächtig, in ein realisierbares Projekt umgesetzten Pläne. Das war im Jahre 1888. Ein Zuschuß von 134 000 Mark, den der Staat gewährte, und die kostenfreie Überlassung des Geländes ermunterten sie dazu. Für die Anlage konnte man nun auch den Westhang nutzen, den man aus dem Besitz der Weinmeisterfamilie Weimar erworben hatte.

Mächtigs erster Entwurf sah in der Achse der Großbeerenstraße einen herabstürzenden Wasserlauf vor, auf den Terrassen und unter den Kaskaden Figurenschmuck: In der Nachbarschaft des gußeisernen Denkmals sollten neben einer »kolossal gehaltenen Bildsäule der Viktoria oder Germania« Hohenzollern-Figuren stehen.

Das Ergebnis fiel bescheidener aus. Da stürzte das Wasser nun nicht mehr über großzügige Terrassen von architektonischer Strenge, sondern über wie von der Natur hier zufällig zusammengetürmte Felsblöcke in das runde Becken am Fuße des Berges. Das »Naturschauspiel« wurde von zwei Gasmotoren mit insgesamt 100 Pferdestärken mitinszeniert, die das Wasser täglich acht Stunden über Rohrbrunnen aus dreißig Meter Tiefe auf den Berg heraufholten. Die Stadtväter müssen wohl geahnt haben, was der Spaß kosten würde. Allein das Wasserspiel erforderte jährlich 32 000 Goldmark. Als der Park schließlich fertig war, hatte er, den Erwerb weiterer Grundstücke für zwei Millionen Mark eingeschlossen, 2,8 Millionen Mark gekostet. Er ist in den Jahren 1911/12 noch erweitert und mit einem Zugang von der damaligen Karlstraße her versehen worden. 1914 kamen zwei Kinderspielplätze hinzu.

In Kreuzberg liegen auch einige Friedhöfe, in denen wir uns die Zeit und die Taten großer Toter vergegenwärtigen können. Zwischen der Zossener und der Baruther Straße finden wir einen der ältesten Friedhöfe Berlins. Und dort hat Georg Wenzeslaus von Knobelsdorff, der 1753 starb, ein gemeinsames Grabmal mit dem Maler Antoine Pesne. Auch Adelbert von Chamisso, Weltreisender, Poet und Kustos am Königlichen Herbar, wurde 1838 auf diesem Kreuzberger Friedhof beerdigt.

»Der erste Turnplatz Deutschlands« in der Hasenheide

»In schöner Frühlingszeit des Jahres 1810 gingen an den schulfreien Nachmittagen der Mittwoche und Sonnabende erst einige Schüler mit mir in Feld und Wald, und dann immer mehr und mehr. Die Zahl wuchs, und es wurden Turnspiele und einfache Übungen vorgenommen. So ging es fort bis zu den Hundstagen, wo eine Anzahl von Knaben zusammenkam, die sich aber nachher verlief. Doch sonderte sich ein Kern aus, der auch im Winter als Stamm zusammenhielt, und mit dem dann im Frühjahr der erste Turnplatz in der Hasenheide eröffnet wurde. Jetzt wurde im Freien, öffentlich und vor jedermanns Augen, von Knaben und Jünglingen mancherlei Leibesübungen unter dem Namen Turnkunst in Gesellschaft getrieben.«

Es ist nicht schwer zu erraten, wer hier von den Anfängen des Breitensports berichtet. Der »Turnvater« Jahn selber ist es.

Wir wissen nicht genau, wo in der Neuköllner Hasenheide der erste Turnplatz gelegen hat. Heimatforscher wollen eine alte Eiche ausgemacht haben, die an der Ecke Fontanestraße/Karlsgartenstraße den Stürmen der Zeit getrotzt hat. Heute mißt ihr Stammumfang rund viereinhalb Meter. Um 1810 aber soll sie schon so kräftig gewesen sein, daß Friedrich Ludwig Jahn und sein Freund Friesen die Turner an die unteren Äste hängten, damit sie diese als natürliches Reck benutzen konnten. Sowieso soll der Turnvater zu Anfang die Sonderangebote der Natur – die Sandgruben der Hasenheide zum Springen und zu Wurfübungen, die Hänge der Rollberge zum Laufen – genutzt haben, bis dann, nach 1814, ein richtiger »Gerätepark« im Karlsgarten entstand, in dem sich über Hängelreck, Zweibaum, Vierbaum und »Tiefspringel« ein sechzig Fuß hoher Kletterturm erhob. Am Saum dieses Turnplatzes erinnert der »Friesenhügel« mit einer

Granittafel die Turner daran, wem sie ihre neuen Möglichkeiten mitverdankten. Jahns Mitstreiter Friesen war 1814 gefallen und liegt hier begraben.

Hätte der Lehrer Jahn nur »Wehrertüchtigung« im Auge gehabt, wäre das Turnen nicht verboten, wäre er nicht 1820 als »Demagoge« verhaftet worden. Aber er galt eben auch als Vertreter einer freiheitlichen Gesinnung. Also wurde das Turnen gleich mitverdächtigt, und der Förster Christoph mußte beide Augen zudrücken, wenn er bei seiner Inspektionsrunde in der Hasenheide junge Leute üben sah.

Das Turnverbot dauerte bis zum Tode jenes Königs, für den die Untertanen die Freiheit von der Franzosenherrschaft erkämpfen durften, aber nicht für sich selbst. Sein Nachfolger ließ die Anlage eines neuen Turnplatzes in der Hasenheide zu, der 1842 eingeweiht wurde.

Als Jahn 1852 starb, war das Turnen fest in vielen Vereinen verankert. Sie dankten ihm mit einem Denkmal, das seine Wertschätzung in der ganzen Welt wiedergab. Das 1872 eingeweihte Bronzestandbild ruht auf einem Halbrund aus 149 Steinen, die – mit Inschriften versehen – von Turnvereinen aus Nah und Fern (so fern wie Manila oder Buenos Aires) kamen. Zu den Merkwürdigkeiten darin gehört eine Kanonenkugel des dänischen Linienschiffes »Christian XIII.«

Erinnern wir uns also an den Turnvater, wenn wir den heutigen Volkspark Hasenheide besuchen oder uns auf Trimmpfaden im Tiergarten Pfunde abquälen! Der Besucher wird aber auch kaum überrascht sein, wenn wir ihm auch hier wieder einen Mann nennen, der mit der Entwicklung des Parks verbunden ist. Peter Joseph Lenné, der 1838 für das Kriegsministerium die Chaussee vom Halleschen Tor zur Tempelhofer Feldmark plante, erhielt auch den Auftrag, durch die Heide Promenadenwege zu legen und die monotone Kiefer-Heidelandschaft mit neuen Bepflanzungen zu verschönern. Sein Vorschlag sah Eichen- und Birkenhaine in den »freien Räumen«, die Bepflanzung der Sandschelle mit »Kiefern, Birken und Akazien, zum Teil mit kanadischen Pappeln und Weiden« sowie die Einrichtung einer »Samenschule von 1 Morgen Größe für junge Laubgehölze« vor, heißt es bei Gerhard Hinz in seinem 1937 erschienenen Buch über Peter Joseph Lennés Werke.

Seit Lenné ist das weite Gelände, das 1678 ursprünglich als Hasengarten eingerichtet worden war, immer wieder geschmälert worden, und zwar durch Bebauung, durch Straßenzüge, einen Schießplatz und das Flugfeld. Der 1919 mit 85 Hektar angelegte »Volkspark« wurde 1936 der Erweiterung des Flugplatzes Tempelhof geopfert. Das Gelände, das zwischen 1936 und 1939 als der heutige Volkspark eingerichtet wurde, erhielt in einem Erweiterungsteil auch neues Profil in den Jahren nach 1951. Da legte man im Südwesten aus Trümmerschutt die »Rixdorfer Höhe« an. So ist eine ziemlich glückliche Mischung entstanden: mit neu bepflanzten Höhen, belastbaren Rasenflächen, einem Naturtheater mit Freilichtbühne, mit Kinderspielplätzen, Skatplätzen, einem Heide- und einem Rhododendrongarten.

Am Saum der Hasenheide, zum Columbiadamm hin, liegt seit 1866 ein »Türkischer Begräbnisplatz«, dessen Gedenksäule mit Halbmond der türkische Sultan stiftete. Dorthin wurde das Grab des 1798 verstorbenen Botschafters der »Hohen Pforte« verlegt. Es hat sich mit der Zeit zur Ruhestätte für alle Mohammedaner gewandelt. Der Besuch lohnt sich nicht nur als Übung in Toleranz.

An den Volkspark grenzt auch der ehemalige Standortfriedhof, und jenseits des Columbiadamms liegt der ehemalige Garnisonsfriedhof. 1813 beerdigte man hier 3300 Soldaten, die im Kampf gegen Napoleon gefallen waren. In beiden Friedhöfen liegen auch 14 000 Opfer der beiden Weltkriege begraben.

Zwölftausend Rosen blühen im Humboldthain

Der Name Alexander von Humboldts brachte Tausende von Berlinern auf die Beine. Am 14. September 1869, am Tag seines 100. Geburtstages, zogen sie in den Norden Berlins, in den Wedding, wo es den ersten Spatenstich für einen Park zu feiern galt, der zu Ehren des großen Naturforschers Humboldthain heißen sollte.

Der Park war in diesem Teil der Berliner Steinwüste bitter notwendig. Der Entwurf des Gartendirektors Gustav Meyer sah stattliche Spielplätze für die Kinder, Liegewiesen, geschwungene Spazierwege und einen Rosengarten vor. Wer hier Zuflucht vor der Masse Mensch suchen wollte, dem konnte auch durch große Baum- und Strauchgruppen geholfen werden. Humboldt wäre wohl zufrieden gewesen.

Weniger freilich mit seiner Gedenkstätte. Hermann Mächtig, der hier vollenden sollte, was Meyer begonnen hatte, fiel nichts Besseres ein, als eine Felspyramide in einem Rundbeet, umschlossen von einem ringförmigen Wasserbecken. Darin türmte sich Geröll, aus dem ein Wasserlauf entsprang, der den Rundweg durchschnitt und in einen Teich mündete. Übergehen wir das unglaubliche Gebilde. Es ist nicht von Dauer gewesen.

Im Laufe der Jahre bereicherten sinnvolle Einrichtungen den 1872 fertiggestellten Park. 1889 weihte man ein Palmenhaus und ein Kalthaus ein und 1892 eine »Geologische Wand«, mit der ihr Gestalter, Eduard Zache, neben der Absicht, Humboldt zu ehren, auch Lehrziele verfolgte. Die Unterrichtung von Naturfreunden und Schülern verband man auch mit der Gruppierung fremdländischer Gehölze nach geographischen Gesichtspunkten und der Einrichtung eines Terrariums. Als reine Augenweide war dagegen ein Rosengarten gedacht, der in Berlin seinesgleichen suchte. Das »Berliner Tageblatt« schwärmte: »In keinem unserer öffentlichen Parks begegnet man einer so reichen und schönen Kollektion von Rosen wie hier. Die Hand des sinnigen Gärtners hat denn auch die betreffende Partie des reizenden Haines … überaus freundlich gestaltet, durch Anlegen anmutiger Promenaden, die, mit Nuß- und Mandelbäumen bestanden und von echten Weinreben girlandenartig eingefaßt, gleichsam die Vorhallen zu dem duftigen Blütenreich sind«.

Dieses Reich zerfetzte der Feuerhagel des II. Weltkrieges, den auch noch zwei Flaktürme besonders auf sich zogen, vollkommen.

Eine Million Kubikmeter Trümmerschutt haben das Bild des Humboldthains nach dem Ende des II. Weltkrieges grundlegend verändert. Sie wurden aufgefahren, um vor allem die beiden Flaktürme einzudecken, von denen sich der größere hartnäckig der Sprengung durch die Franzosen widersetzte. Heute überlicken wir von einer 85 Meter hohen Aussichtsplattform die Stadt. Gewonnen wurden neben dem neuen Profil eine Rodelbahn und der Streifen, den vor dem Krieg die Grenzallee eingenommen hatte. Sie hatte die Parkteile getrennt.

Humboldts neues Denkmal – eine Stele mit seinem Reliefbild von Karl Wenke – steht seit 1952 nicht auf der nach ihm benannten Höhe, sondern nahe der neuen Himmelfahrtskirche. 200 000 neue Sträucher und Bäume ersetzten 1951 den zerstörten Pflanzenbestand, in einem neuen Rosengarten blühten bald 15 000 Rosen in 70 verschiedenen Sorten.

Inzwischen sind die ersten vergreisten, von Mehltau und Schädlingen heimgesuchten Stöcke längst durch neue ersetzt worden. Unter den 12 000 Rosen sind auch die robusteren Wildrosen, die kräftiger duften, stärker berücksichtigt. In den Kolonnaden finden sich im Sommer »Stammbesucher« ein, die, wie eine genaue Beobachterin zu berichten weiß, über das Schicksal von »Queen Elisabeth«, »Gloria Dei« und anderen Sorten wachen. Chemie ist zur Erhaltung dieses Paradieses anscheinend mehr nötig, als den Gärtnern lieb ist.

Mit seinem Schwimmbad und seinen belastbaren Rasenflächen sind die 26 Hektar Parkgrün heute im Wedding so wichtig wie vor der Jahrhundertwende; denn sie sind eingezwängt in Asphaltbänder, Schienenstränge und Industriegelände.

Im Treptower Park überlistete der Hofgärtner die Stadtväter

Er hat eine wechselvolle Geschichte, die uns zeigt, daß die Berliner nicht zimperlich mit ihm umgegangen sind. Doch ist sein Schicksal ihnen auch nie gleichgültig gewesen. Die Rede ist vom Treptower Park an der Bulgarischen Straße, im Ostteil der Stadt.

Für die Luisenstädter war die Köllnische Heide schon lange ein Naherholungsziel gewesen. Doch wenn der traditionelle »Stralauer Fischzug« begangen wurde, sah man hier »Himmel und Menschen«, wie der Berliner sagt. Ein Anziehungspunkt war das Gasthaus Zenner, von dessen Altanen man nicht nur die Festwiese überblicken und das Feuerwerk betrachten konnte, sondern auch einen herrlichen Ausblick über die hier zwischen natürlichen Ufern daherkommende Spree gewann. Man sah Stralau auf der gegenüberliegenden Landzunge mit der Kirche auf der Spitze und konnte noch den dahinterliegenden Rummelsburger See schimmern sehen.

Nur anhand alter Pläne und Bilder können wir uns die quälende Metamorphose noch vorstellen, die zur heutigen Gestalt und Ausdehnung des Parkes geführt hat. Da war ursprünglich – zwischen dem Heidekampgraben und der jetzigen Bulgarischen Straße gelegen – der Alte Treptower Park. Er umfaßte nur etwa zwanzig Morgen. Ihm folgten im Jahre 1802 ein Park »vor dem Schlesischen Tor« und der »Park bei Treptow«, die durch eine Kastanienallee verbunden waren. In diesem Park bei Treptow wurde dann auch 1821/22 das Lokal errichtet, das als »Gaststätte Zenner« so beliebt werden sollte.

Im Jahre 1864 trat die »Forst- und Ökonomie-Deputation« an den Hofgärtner Gustav Meyer aus Sanssouci heran, einen Entwurf für eine städtische Parkanlage zu entwickeln. Dessen großzügiger und mit einem vorgesehenen »Spielplatz« fortschrittlicher Plan scheiterte dann aber ausgerechnet an der Stadtverordnetenversammlung. Sie schützte hohe Kosten und das »Problem der Entwässerung« vor.

Als der Magistrat im Jahre 1874 einen zweiten Anlauf auf die Hürde Treptow nahm, half ihm der inzwischen gewitztere und zum Stadtgartendirektor ernannte Meyer hinüber: Er ließ, nachdem sein neuer Entwurf genehmigt worden war, 1876 an vier Stellen gleichzeitig mit den Erdarbeiten anfangen und schuf so Tatsachen, denen sich dann auch die Sparkommissare beugen mußten. 1877 starb Meyer, und sein Nachfolger, Hermann Mächtig, setzte dessen Arbeit am Treptower Park fort. Es dauerte noch Jahre, ehe jene Anlage fertig war, wie sie die Berliner bis zum II. Weltkrieg erlebten. Sie bekam Gesicht durch den Kinderspielplatz in Hippodrom-Form, die Wiesenaue zwischen Treptower Chaussee und Spielplatz, die Schatten spendenden Alleen, unter denen die Platanenallee einen besonderen Rang einnahm, und den Karpfenteich mit dem beliebten Teichrestaurant.

Rund 90 000 Gehölze wurden bis zur »Premiere« im Jahre 1888 angepflanzt. Die meisten stammten aus den Baumschulen des benachbarten Plänterwaldes. Viele Bäume wurden aber auch schon damals aus der wachsenden Stadt vor den Verkehrsbauten gerettet und erhielten hier eine neue Heimstatt.

Leider hielten sich die bewahrenden und die zerstörerischen Kräfte nicht die Waage. Der Park erlitt in den neunziger Jahren durch ehrgeizige Ausstellungen – darunter ausgerechnet die »Allgemeine Deutsche Gartenausstellung« von 1896 – schwere Schäden, die nur nach langwierigen Reparaturen wieder behoben werden konnten.

Mit dem Ende des II. Weltkrieges war das vertraute Bild auch dieses Parks weitgehend zerstört, und in den Aufbaujahren wurde der Erholungsrahmen schmaler. Sondergärten an der Spree, darunter ein Rosengarten, machen seine neuen Reize aus. Von den beliebten Ausflugslokalen ist zwar die Gaststätte »Zenner« wieder aufgebaut worden, aber nicht in der vertrauten Weise. Auf dem ehemaligen großen Spielplatz darf man sich heute unter den kolossalen Bronzebildern des »Sowjetischen Ehrenmals« klein fühlen. Gehölze schirmen die mächtige Anlage ab.

Wie ein Gesinnungswandel Gestalt gewann: Bundesgartenschau 1985

Wo im Sommer 1984 schon der tausendfältige Flügelschlag von Insekten über einer Wildblumenwiese sich zu einem hohen, feinen Summen verdichtete, wo der Wind durch das Röhricht fächelte und auf den Großen See ein Wellenmuster zeichnete, hätten eigentlich Wohnhäuser stehen sollen; denn Wohnhäuser und eine Autobahn sah die Stadtplanung ursprünglich für das verwahrloste Weizenfeld vor, das sich hier gedehnt hatte. Andere Werte aber zählen seit Beginn der 80er Jahre mehr, und so entstand auf 101 Hektar mit 3400 neu gepflanzten Bäumen der Erholungspark am Massiner Weg. Dessen Kernbereich von über 72 Hektar soll ein Platz für Pflanzen und Tiere sein.

In einer Stadt, die nicht mehr ins Land hinaus wachsen darf, gehört Mut zu der Entscheidung, den Naturhunger der Menschen auf großzügige Weise zu stillen. In Neukölln ist der Naturhunger besonders groß. Dort gibt es zwar die Hasenheide, die Lessinghöhe und den liebevoll gestalteten Körnerpark. Doch im Bereich der Großsiedlung Britz-Buckow-Rudow reicht der vorhandene »Grünzug« nicht aus.

Die »Schöpfungsgeschichte« des neuen Parks beginnt im Jahre 1970 mit einer Arbeit von Professor Hermann Mattern, der ein »Gutachten zur Grünplanung« mit der Forderung verbindet, im Wohnbereich Parkgrün zu schaffen. Es dauert vier Jahre bis zum nächsten Schritt: Im Dezember 1973 bittet der Neuköllner Bezirksbürgermeister Stücklen den Regierenden Bürgermeister Klaus Schütz und den Bausenator Harry Ristock, das Feld an der Mohringer Allee auf seine Eignung als Freizeitgelände zu prüfen. Der Senat und die politischen Parteien sind sich ausnahmsweise einig: Wenn es einen neuen Park geben soll, dann in einem mit Grün unterversorgten Bezirk.

Ein Blick auf Luftbilder zeigt, wo das mehr als notwenig wäre: Da brandet die Betonflut der Gropiusstadt wolkenhoch gegen Schrebergärten und ein mageres Weizenfeld an. Der Südosten Berlins hat wenig Erbauliches zu bieten. Parkgrün ist den Toten gewidmet. Doch wer geht schon gern zur Erholung auf Friedhöfe und seien dies auch »Parkfriedhöfe«? Im weiten Umkreis fänden etwa 600 000 Menschen am Massiner Weg »ihren« Regionalpark. Daß dieser erst jetzt ins Gespräch kommt, beweist eher die Unempfindlichkeit vorausgegangener Regierungen gegenüber den Bedürfnissen der Einwohner.

Im Oktober 1975 bewirbt sich der Senat beim Zentralverband Gartenbau in Bonn um die Durchführung einer Bundesgartenschau. Die Bürger der Bezirke Tempelhof und Neukölln sollen inzwischen einen Fragebogen beantworten, der ihre Erwartungen auslotet. Und da zeichnet sich eine Tendenz ab, die im Jahre 1975 schon nicht mehr überraschen kann: Das Naturerlebnis hat Vorrang vor der aktiven Freizeitbeschäftigung.

An dem Ideenwettbewerb für den Erholungspark beteiligen sich 61 Landschaftsarchitekten. Die Entwürfe der sechs Preisträger werden vom August 1977 an mit Zeitungsbeilagen und Broschüren, mit Ausstellungen, mit Befragungen und in Veranstaltungen zur Diskussion gestellt. Alle Beteiligten geraten während der nächsten Monate in einen Lernprozeß. Erst allmählich nämlich zeichnet sich das Anliegen ab, den Park noch stärker, als im favorisierten Entwurf des zweiten Preisträgers vorgesehen, nach ökologischen Gesichtspunkten zu bauen. Engagierte Naturschützer mischen sich in die Diskussion ein. Ihnen geht es auch darum, daß bei der Vernetzung des Parks mit Straßen, Wohngegenden und Grünflächen vorhandene kleine Biotope nicht geopfert werden. Dazu gehören die Reste einer eiszeitlichen Pfuhl- und Seenrinne mit dem Roetepfuhl. Obwohl dieser Pfuhl nur noch eine im chloridhaltigen Wasser abgehärtete Molchgesellschaft beherbergt, will man sein Begräbnis nicht zulassen. Künstliche Seen seien kein Ersatz für alte Feuchtgebiete. Denn wer weiß, ob die neuen Lebensräume von den Tieren angenommen werden?

Anpassungsfähiger ist da schon der Mensch. Im Laufe der Zeit wird Kleingärtnern, deren Parzellen im Parkgelände aufgehen sollen, neues Gelände mit schmucken Musterhäuschen schmackhaft gemacht. Erbitterte Stimmen verstummen allmählich.

Die neue Park-Botschaft

Die Grundstoffe jedes Park-Organismus' sind Erde und Wasser. Aus dem Wechselspiel dieser beiden Elemente gewinnt er seine Gestalt, von ihrer Beschaffenheit hängen Gedeih und Verderb der Pflanzen und Tiere ab, die hier heimisch werden sollen: »Der neue Landschaftsgarten soll an die »große Tradition der früheren Parkschöpfungen anknüpfen«, verpflichtet sich das Planungsbüro Wolfgang Miller mit seinem Projektleiter Rudolf Mazarin. Da wird neben anderen guten Geistern des 19. Jahrhunderts der Geist Lennés beschworen. Doch an Rückblick allein denkt man nicht. Wer heute in einer Stadt mit begrenzter Fläche eine Bundesgartenschau plant, der muß zu einer neuen Botschaft finden, sonst setzt er sich dem Protest einer in Naturdingen besonders wachen Generation aus, jungen Leuten, die nur deftiger ausdrücken, was auch älteren am Herzen liegt. Die alte Mischung aus Gewerbeschau, landschaftlichen Ausblicken, belastbarem Rasen, künstlichen Seen und Blumenmeeren reicht denen nicht.

Im Jahr 1978 steht das Grundkonzept fest, das die einen »bahnbrechend«, die anderen »ausgewogen« und manche immer noch einen »lausigen Kompromiß« nennen. Aus berufenem Munde werden gar die neuen Hügel kritisiert, die mit dem Aushub für einen großen See entstehen sollen. Sie paßten nicht in die Berliner Landschaft, heißt es unverblümt. Andere beklagten später den »Rummelcharakter« und die »mißlungene Addition von Gartenmotivspielereien«. Gar nicht um Kritik und Mitgestaltung gefragt werden die Mitarbeiter des Botanischen Gartens, obwohl doch gerade sie einen noch immer sehr eindrucksvollen Park mit vielen naturhaften Landschaften verwalten und ein hohes Maß an Erfahrung haben.

Was man schnell lernt, ist die Tatsache, daß man Handlungsspielraum nur gewinnt, wenn man aus der Enge der Behördenwege herauskommt. Und so wird im Januar 1980 eine Gesellschaft mit beschränkter Haftung gegründet, die nun bis 1985 alle Pläne durchführen, also Verträge schließen, ihre Ausführung überwachen, Veranstaltungen organisieren und richtige Geschäfte machen soll. Mitgesellschafter ist der Zentralverband Gartenbau e.V. Zu ihren Geschäftsführern gehören Wolfgang Froehlich, ehemals Baustadtrat in Neukölln, und Hendrik Gottfriedsen. Der Etat, der der Gesellschaft aus Landesmitteln zur Verfügung gestellt wird, beträgt 188 Millionen DM.

Nach dem Konzept, das die Gesellschaft nun mit Hilfe und den Einzelplänen vieler Garten- und Landschaftsbauer realisieren soll, ist die Hälfte des Geländes als »beruhigte Zone« ausgewiesen. Hier verstehen sich die Gestalter als Wegbereiter »naturhafter« Lebensräume. Vom Gebirgsbach bis zur sumpfigen Niederung wollen sie typische Landschaften der Bundesrepublik Deutschland schaffen. Innerhalb dieser beruhigten Zone sollen sich Pflanzen und Tiere frei entfalten können. Zwei Hektar davon sind als Flachwasserbiotop, 1,3 Hektar als Röhrichtzone, zwei Hektar als Kopfweidenzone, 1,5 Hektar als Ruderalfläche, 1,2 Hektar als natürlicher Trockenrasen, 3,5 Hektar als Übergangsbiotop von der Hoch- über die Feucht- zur Sumpfwiese vorgesehen. Zehn Hektar werden die natürlichen Pfuhle, die Bäche sowie die neu angelegten Teiche ausmachen.

Vögel, Amphibien und Insekten soll der Park in die neue Lebensräume einladen. Da bauen Ornithologen Nisthilfen für Mehlschwalben, Mauersegler, Meisen, Fledermäuse und unter den Brücken Nisthilfen für Eulenvögel. In die Feuchtgebiete sollen Reiher, Teichhühner und Enten einziehen. Mit Inseln aus Flechtbinsen wird einigen Arten das Brutgeschäft ermöglicht.

Typische Naturlandschaften sind *ein* Anliegen der Bundesgartenschau. Der Park aber soll viele Gesichter haben. Vielleicht zu viele. Weiter Raum wird der deutschen Gartenkunst gewährt werden. Vom historischen »Hexengarten«, der im Mittelalter hinter Burgmauern angelegt worden ist und den »Eisenbärten« auch Arzneikräuter lieferte, über die Erinnerung an Preußens Maulbeerplantagen, über den Staudengarten, in dem mehr als 300 verschiedene Stauden – Wildstauden, Beetstauden, Stauden am Wasser, im Wasser und an der Mauer – blühen sollen, bis zum Rosengarten reicht das Spektrum. Profigärtner sollen alle Register ihres Instruments ziehen.

Architektur im Park muß originell sein, wenn nicht gar Kunst! Das fängt ganz unten an. Die Wege müssen Geherlebnisse vermitteln. Ihren Beitrag dazu leisten kunstvolle Pflastermuster, Belag aus geschroteter Baumrinde, leisten »Knüppeldämme« aus Eisenbahnschwellen, Kies, Sand und auch Asphalt. Zu 22 Kilometern sollen sich die Haupt- und Nebenwege, die Trampel- und Kletterpfade summieren. Schienenwege, auf denen die Fußmüden der zu erwartenden Völkerwanderung alle Schauplätze und Veranstaltungen per Bahn erreichen können, will man nur für die Dauer der Schau verlegen.

Ein Bauelement sind Mauern. Wenn sie schon als Rahmen, zur Abgrenzung und als Wirtsraum dienen müssen, sollen sie keine Fremdkörper, sondern Gestaltungsmittel sein. Neben bearbeiteten Natursteinen bieten sich hier Feldsteine, Rundhölzer und auch Grassoden an. Bei den Brücken, die Gebirgstäler und Wiesenbäche überspannen, wird die Holzbauweise bevorzugt.

Der See auf dem Bundesgartenschaugelände in Neukölln

Abstrahierte Formen der Natur

In den Hochbauten nun abstrahieren die ausgewählten Entwürfe oftmals Formen der Natur. Seine »Seebühne« zum Beispiel, die von den Darbietenden im Nachen erreicht werden kann, sieht der Architekt Engelbert Kremser als Klippenlandschaft, deren Gezack das Meer abgeschliffen zu haben scheint. Wo die Flut im natürlichen Riff sonst Muscheln und Krebse absetzt, schimmern hier in den Falten des Felses gelbe, rote und weiße Keramikscherben. Am Ufer des Sees, das der Bühne gegenüberliegt, sollen sich Grotten in den Hang eines Aussichtsberges schmiegen. Als Erdbau buchstäblich in den Berg hineingebaut, gibt sich das »Café am See«. Fünf kleinere Baulichkeiten, pilzförmig und wie ein halber Hexenring aneinandergereiht, sind als überdachte Terasse und origineller Regenschutz geplant.

Mit Licht und Schatten spielt der sogenannte Kalenderplatz. Die Idee der Architektengemeinschaft Zilling/Zillich/Halfmann hat ihr Vorbild in den Kalenderbauten des Maharadschahs Jaih Singh, die um 1780 bei Delhi entstanden und – weiter zurückliegend – in der Sonnenuhr des Kaisers Augustus. Eingepaßt in eine nordöstlich gelegene Bucht des Großen Sees soll das Kreisrund einer Sonnenuhr mit 99 Metern Durchmesser die Zeit anzeigen. Ablesbar ist sie an einem Kranz von 24 riesigen Stundenrippen, von denen einige auch aus dem Wasser des Sees ragen.

Orangerien gehörten immer zum eisernen Bestand der königlichen Parks und Gärten in Berlin und Potsdam. Heute nun, da wir binnen Stunden von Israel, Spanien, Italien und anderen südlichen Ländern versorgt werden, soll eine moderne Orangerie zwischen Rippen des Kalendariums mit zwei Flügeln ein Café schmücken und beweisen, daß unter den Sonnenstrahlen in unseren Breiten auch Südfrüchte reifen, wenn man die Energie nur recht nutzt.

Die Schwingungen des Lichtes endlich symbolisiert eine Pergola aus dreieckigen, hölzernen und berankten Torelementen, deren Windungen am Kalenderplatz beginnen und – immer mehr ausgreifend – schließlich vor dem neu vermessenen Landeshaupthöhenpunkt am Britzer Eingang enden sollen.

Auch die Nostalgie soll zu ihrem Recht kommen, und zwar in Gestalt der liebevoll restaurierten Stechhanschen Mühle, deren Flügel der Wind über einem Feld mit historischen Getreidesorten in Schwung bringen wird.

Pflanzen und Tiere am Tropf der Technik

Im Juni 1983 hatte die Topographie des Landschaftsparks bereits Gestalt angenommen. Nahezu eine Million Kubikmeter Erde war dafür bewegt worden. In der Mitte des Parks blinkte längst das Wasser des Großen Sees, der nach meiner Auffassung durchaus Lenné-See heißen dürfte, wenn man schon nicht den ganzen Park in Erinnerung an den Landschaftsgärtner »Lenné-Park« nennen wollte.

Der Aushub für einen Wasserkörper war zu Höhenrücken aufgefahren worden, die sich noch ziemlich nackt über die Landschaft erhoben. Der größte Teil der Erdmassen formte den »Aussichtsberg«, der über dem nördlichen Seeufer emporgewachsen war. Auch aus den entstehenden Schluchten, dem kleinen Irissee, dem Teichbach und dem Wiesenbach wurde Erdreich gewonnen. Damit wurde der 16 Meter hohe »Rodelberg« im Osten des Parks und ein zehn Meter hoher Hügel am westlichen Parkrand gebaut. Alle drei Berge schirmen mit wachsender Höhe das Parkinnere gegen die Häuserfront ab.

Der Wasserkreislauf der Natur allein würde nicht ausreichen, die kleine Seenplatte, die Bäche und die vielgestaltige Vegetation zu sättigen. Der ganze Parkorganismus mußte also an den »Tropf« der Technik angeschlossen und über ein Adernetz bis in seine letzten Winkel versorgt werden. Als Herzkammern der Anlage, die einmal über ein Adernetz von 23 Kilometern Länge verfügen sollte, wurde ein Pumpensystem installiert.

Nachdem man durch Probebohrungen den günstigsten Ort für die Tiefbrunnen ermittelt hatte, hatte man im August 1982 mit der Abteufung dreier Brunnenschächte beginnen können. Gleichzeitig hatten die Arbeiten an einem Mischbauwerk angefangen, in dem einmal das Brunnenwasser und das Wasser aus den Seen zusammengeführt und über einen Grobrechen, sowie eine Mikro-Siebanlage dem Pumpenhaus zugeführt werden sollte. Mit dem Bau des Pumpenhauses war im Dezember 1982 begonnen worden. Doch erst, als der Frost aus dem Boden gewichen war, konnte man die technischen Einrichtungen und das Leitungsnetz installieren.

Und so stellt sich im Sommer 1984 für uns der künstliche Wasserkreislauf dar: Aus dem Ostteil des Großen Sees wird Oberflächen- und Tiefenwasser entnommen. Es fließt in den Mischschacht, der die Menge reguliert und ihr Grundwasser aus den benachbarten Tiefbrunnen beimischt. Über eine mächtige Leitung von einem Meter Durchmesser fließt das Wasser nun zum Pumpenhaus, wird indessen vorher in die Mangel der Reinigungsanlage genommen, die mit einem Rechen Schwimmstoffe wie Laub, Äste und Unrat abfischt und das Wasser dann mit einer Maschenweite von 28 Mikrometern von Plankton befreit. Im Pumpenhaus nun stehen die Pumpen unter Dach und Fach, die das gereinigte Wasser mit dem nötigen Druck versehen ins Rohrleitungsnetz entlassen. Zwei große Umwälzpumpen erbringen zusammen schon eine Leistung von 1080 Kubikmetern Wasser je Stunde, zwei Verbrauchspumpen schaffen je 152 Kubikmeter pro

Stunde. Dazu kommt eine Pilotpumpe mit 40 Kubikmetern pro Stunde für die »Probeläufe«.

Soviel Kraft und Menge müssen gesteuert werden, und das geschieht über ein Reglersystem, das auch den weiten Weg des Wassers über das verzweigte Netz sichtbar macht. Man muß sich einmal vor Augen führen, was alles in die Erde hineingebracht worden ist, damit die Gebirgsquellen sprudeln, Blumen nicht ihre Köpfe hängen lassen, der See sauber blinkt, die Frösche in den Feuchtwiesen laichen, die Teichhühner im Röhricht nisten und an allem der Mensch sein Vergnügen haben kann: Da gibt es Brauchwasserleitungen von 11 650 Metern Länge, 16,8 Kilometer lange Beregnungsleitungen, Schmutzwasserdruckrohre von 1990 Metern Länge, Regenwasserdruckrohre von 530 Metern, einen Schmutzwasserkanal von 1420 Metern und einen Regenwasserkanal von 3530 Metern Länge. Dazu kommen Frischwasserleitungen von 4050 Metern Länge sowie Spreng- und Feuerlöschleitungen auf dem gesamten Gelände. Das Wasser nun kann ständig beobachtet, genutzt und reguliert werden über 113 Einstiegsschächte, 117 Straßenabläufe, 225 Unterflur- und 19 Oberflurhydranten, 90 Absperr- und fünf Motorschieber, fünf Regenwasser- und vier Schmutzwasser-Hebeanlagen, 28 Hausanschlüsse, 15 Trinkbrunnen, insgesamt 200 Zapfstellen.

Die beiden Umwälzpumpen im Pumpenhaus speisen auch den Teich- und Wiesenbach. 120 Liter pro Sekunde drücken sie hinauf in die Miniaturgebirge, speisen die schöne Illusion von kraftvollen Quellen, deren Wasser munter aus den Felsen springen. Ist der letzte Besucher am Abend gegangen, können die Bäche über eine Uhr abgeschaltet werden.

Sie mäandern im übrigen dem Nord- und dem Südsee zu, deren Wasserflächen um 25 Zentimeter über der des Ostsees liegen. Über ein Wehr gelangt ihr Wasser in den Ostsee und von dort wieder in den Mischschacht. Hier beginnt der Kreislauf erneut.

Wasser allein läßt freilich das Grün nicht sprießen. Über 170 000 Kilogramm Bodenverbesserungsmittel und Dünger werden über einen großen Teil der Landfläche verteilt. Hinzu kommen 30 000 Ballen Torf. Natürlich ist der Boden nicht in allen Gartenteilen Schicht für Schicht angelegt worden, ehe man an die Pflanzarbeiten ging. Manche Parkteile zeigten 1983 schon ihr fertiges Gesicht, während andere noch roh dalagen. Da prangte schon mit allen Rotschattierungen und betäubendem Duft der Rosengarten: Die Königin der Blumen beansprucht auch hier in Berlin ihren eigenen Garten. Eine Symphonie der Farben und Formen war schon von dem Gartenarchitekten Günther Schulze im Staudengarten komponiert worden, der dem Andenken des Gärtners Karl Foerster gewidmet ist. Foerster hat als einer der ersten Gärtner Wildpflanzen kultiviert und die Idee des Naturgartens in die breite Öffentlichkeit getragen. Im Karl-Foerster-Garten blühen Mauerblümchen nicht im Abseits, sondern sind mit attraktiven Wuchsformen zu einem Höhepunkt der Bundesgartenschau arrangiert worden.

Während im Sommer 1984 der Architekt Engelbert Kremser noch seine künstlichen Pilze formte, deren Hüte die Besucher beschirmen sollen, während Dächer begrünt, Berliner Gärten angelegt, Findlinge versetzt wurden und die Gebirgsquellen zur Generalprobe sprudelten, hatten in all dem Betrieb Wildtiere schon den neuen Park bezogen.

Im Großen See bauten Stichlinge schon ihre Schaumnester. Diese Pioniergeneration mochte durch Stockenten, die den Fischlaich in ihren Schwimmhäuten transportiert hatten, ins Wasser gekommen sein. Somit hatte auch der Haubentaucher schon Aussicht auf Beute, was ihn – neben Bleß- und Teichhühnern – zum Brutgeschäft ermunterte. Seine Jungen schickte er dann vermutlich auch auf Goldfischjagt; denn Goldfische waren aus der Überproduktion von Berliner Aquarianern, sehr zum Leidwesen der Gärtner, schon in den See gekommen. Willkommen im Gegensatz zu ihnen waren aber die verschiedenen Froscharten, die die Herpetologen in den Ufersand gesetzt hatten. Ihre Werbung durchdrang schon die Stille der Nacht und ließ die Menschen hoffen, daß die Aktion nicht in die Binsen gehen würde.

Eine der großen Überraschungen für alle Ornithologen war die Einkehr des Flußregenpfeifers, der schon im Sommer 1984 seinen Nachwuchs durch das Gelände führte. Aber nicht die angebotene, leider verkrautete Kiesbank am See bezog er für seine Nestmulde, sondern einen sandigen Weg mitten im Rosengarten.

»Allerweltstiere« wie Krähen und Möwen hatten das neue Revier von Anfang an erkundet. Heimlich hatten auch Fuchs und Hase dies getan.

Die Nachschöpfung von Naturlandschaften

So schließt sich am Ende der Kreis: In der Nachschöpfung solcher Naturlandschaften, die im Laufe der Jahrhunderte in Berlin bedrängt, vernichtet, in die Zucht der Landschaftsgärtnerei genommen worden oder durch Menschenhand deformiert worden sind, sieht der Gärtner in diesem neuen Park seine wichtigste Aufgabe. Da baut und pflegt er nun, was er früher bekämpft hätte. Ein Beispiel: Ein Hang soll Johanniskraut, Schierlingspflanzen, Habichtskraut und andere »Unkräuter« aufnehmen. Ihre Samen sind nicht irgendwo aufgesammelt, sondern sie sind eigens von einer inzwischen auf Wildpflanzen spezialisierten Staudengärtnerei angezogen worden. Im Sommer 1984 sind sie stattlich genug, ist die Zeit auch günstig für die Pflanzung. Nach einem Plan, der munter mischt, was die Natur sonst selbst durcheinanderwachsen läßt, »impft« eine Kolonne nun den vorbereiteten Bogen mit den Jungpflanzen. Sie werden samt der nährstoffreichen Erde aus ihren Plastiktöpfen genommen und in den Lehmboden gesetzt. Der reichere Boden, den sie mitbringen, soll den Kräutern helfen, sich gegen das hochschießende Gras durchzusetzen.

So wird ein Bild nach dem anderen gestaltet: Die Hochwiese mit Kamille, Mohn und Federnelke, die Heidelandschaft um einen Moorweiher, ein Hang mit Farnen, die Schlüsselblumenwiese am Bach, der Binsengürtel am See. Naturhafte Wege aus geschroteter Rinde führen durch die kleinen Pflanzenparadiese des neuen Parks am Massiner Weg.

Hätte ich nur nicht gefragt, woher all die Baumrinde stamme, die hier so reichlich ausgestreut wird! So bin ich um eine Information reicher und eine Illusion ärmer geworden: Rindenschrot fällt jetzt reichlich von den Bäumen an, die der saure Regen umgebracht hat.

Treppe am Charlottenburger Schloßteich

Langgraswiese am Belvedere

Rhododendron erobert die Minerva im Charlottenburger Schloßgarten

Die Kolonnaden im Kleistpark, Bezirk Schöneberg

Durch einen Hainbuchengang sieht man auf eine Blutbuche im Park Charlottenhof, Potsdam

Laubengang und Eisenpavillon auf der obersten Weinbergterrasse in Potsdam-Sanssouci

Vor der Restaurierung: Figuren am Neuen Palais im Park von Sanssouci

Nach der Restaurierung werden die Sandsteinskulpturen wieder auf der Balustrade des Neuen Palais' stehen

Das Chinesische Teehaus im Park von Sanssouci

Die Weinbergterrassen in Sanssouci

Hinter Trauerbuchen erscheint die Pyramide im Potsdamer Neuen Garten

Im Pleasureground von Schloß Babelsberg, Potsdam:
Die Blumenbeete am Wege hat Fürst Pückler angelegt

Zwischen Pleasureground und Park in Klein-Glienicke steht der Klosterhof

Der Märchenteich im Park Klein-Glienicke

Schinkels Kasino über der Havel in Klein-Glienicke

Zwischen den Buchenstämmen schimmert die Pergola des Glienicker Kasinos

Über den dichten Röhrichtgürtel der Pfaueninsel blickt man auf die Meierei

An der höchsten Stelle der Pfaueninsel steht der eiserne Schalenbrunnen

Vom Kavaliershaus auf der Pfaueninsel zieht sich ein Wiesental zur Havel

Schloß Tegel im Park

Große Trauerweiden beschatten den Teich im Dahlemer Thielpark

Landschaftsbild im weitläufigen Tierpark Friedrichsfelde in Ost-Berlin

Märchenbrunnen im Volkspark Friedrichshain in Ost-Berlin

Tor zum Bürgerpark in Pankow, Ost-Berlin

Japanlaube im Ostasienteil des Botanischen Gartens in Dahlem

Landschaften im Botanischen Garten

Gewächshaus am Rande des Fichtenberges im Botanischen Garten

Die Amazone von Louis Tuaillon im Tiergarten

Ein Löwe der restaurierten Löwenbrücke im Tiergarten

Die Luiseninsel im Tiergarten
Im Dickicht die Statue des Prinzen Wilhelm, des späteren Kaisers Wilhelm I.

Unter den Linden präsentiert sich das Fontane-Denkmal im Tiergarten

Winter im Englischen Garten mit Blick auf Bismarck-Denkmal und Siegessäule

Am Neptunteich im Zoologischen Garten Berlin

Im Körnerpark in Neukölln

Am Fuße des Kreuzberg-Wasserfalls steht diese Bronzegruppe

Im Humboldthain, Bezirk Wedding

Die Hauptbrücke am Großen See im neuen Erholungspark Massiner Weg in Neukölln

Findlinge aus Dänemark begleiten den »Gebirgsbach« auf der Bundesgartenschau

Einer der beiden künstlichen Berge, der Rodelberg, im Bundesgartenschaupark

Der zugefrorene See mit der Liebesinsel und dem Steinhaus im Bundesgartenschaugelände

Kreuzberger Spontanvegetation: Robinienwäldchen an der St.-Johannes-Basilika

Alte Friedhöfe in Berlin:
der Jüdische Friedhof in Weißensee (o. l.)
der Friedhof der Dorotheenstädtischen Gemeinde (o. r.)
beide in Ost-Berlin; der Friedhof der Luisenstädtischen Gemeinde (u. l.)
und der Friedhof Heerstraße (u. r.)

Eine dunkle Oase der Natur: der Russische Friedhof in Reinickendorf

Verwendete Literatur

Bücher

Müller, Adriaan von, »Gesicherte Spuren, Aus der frühen Vergangenheit der Mark Brandenburg«, Berlin 1972

Müller, Adriaan von, »Edelmann..., Bürger, Bauer, Bettelmann, Berlin im Mittelalter«, Frankfurt, Berlin, Wien 1981

Holmsten, Georg, »Die Berlin-Chronik, Daten, Personen, Dokumente«, Düsseldorf 1984

Wendland, Folkwin, »Berlins Gärten und Parke von der Gründung der Stadt bis zum ausgehenden neunzehnten Jahrhundert«, Frankfurt, Berlin, Wien 1979

Börsch-Supan, Helmut und Gerhard Ulrich, »Von der Pfaueninsel nach Glienicke, Romantik vor den Toren Berlins in zwanzig Ansichten«, Berlin 1978

Egli, Emil, »Gespräche mit der Natur«, Olten, Freiburg 1971

Wimmer, Clemens Alexander, »Friedrich II. und die Gärten des Charlottenburger Schlosses«, in: »Berlin in Geschichte und Gegenwart«, Berlin 1983

Wimmer, Clemens Alexander, »Parks und Gärten in Berlin und Potsdam«, Berlin 1985

Weber, Roland, »Gärten, Parks, Gartenhöfe«, Stuttgart 1983

Stengel, Walter, »Zeitvertreib, Zehn Kapitel Berliner Kulturgeschichte«, Berlin 1969

Zepernick, Bernhard und Else-Marie Karlsson, »Berlins Botanischer Garten«, Berlin 1979

Schulze-Motel, Wolfram, »Zehn Spaziergänge im Botanischen Garten Berlin-Dahlem«, Berlin 1979

Menge, Wolfgang, »So lebten sie alle Tage«, Berlin 1983

Baumann, Peter und Carl Hatebur, »Berlin, Landschaften am Wasser«, Berlin 1984

Baumann, Peter »Geheimnisse im Zoo«, Berlin 1971

Schriften

Krosigk, Klaus von, und Heinz Wiegand, »Glienicke«, Berlin 1984

Senator für Stadtentwicklung und Umweltschutz, »Gartendenkmalpflege, Der Landschaftsgarten von Klein-Glienicke«, Berlin 1984, Heft 1

Der Senator für Bau- und Wohnungswesen, »Wege durch Berliner Grünanlagen«, Berlin 1975

Westermanns Monatshefte, »Gärten: Paradies, Wohnung, Wildnis?«, Braunschweig 1982, Div. Autoren

»Kleiner Führer durch den Park von Sanssouci«, Potsdam 1984

Der Senator für Stadtentwicklung und Umweltschutz (Herausgeber), »Berliner Naturschutzgebiete«, Berlin 1982

Der Senator für Stadtentwicklung und Umweltschutz, »Berliner Naturdenkmale«, Berlin 1984

Baumann, Peter, »WM Wissenschaft: Humboldt, Die zweite Entdeckung Amerikas«, in: Westermanns Monatshefte, Braunschweig 1981